Outsourcing-Management

Arbeitsbuch aus der Reihe
Einkauf und Supply Management
der Supply Management Group™

Dr. Eike-Hendrik Thomsen &
Roger Moser

Gemeinschaftsproduktion der Verlage

SMG™ Publishing AG Verlag Wissenschaft & Praxis

Die Deutsche Bibliothek – CIP-Einheitsaufnahme
Die Deutsche Bibliothek verzeichnet diese Publikation in der Deutschen Nationalbibliografie; detaillierte bibliografische Daten sind im Internet über http://dnb.ddb.de abrufbar.

CH-9000 St. Gallen, Teufener Strasse 25
Tel.: +41 (0)71 226 10 60, Fax: +41 (0)71 226 10 69
homepage: www.smg-ag.com, e-mail: contact@smg-ag.com

SMG™ Publishing AG
ISBN 3-907874-28-5

Verlag Wissenschaft & Praxis
ISBN 3-89673-328-1

Printed in Germany

Die Autoren:
Dr. Eike-Hendrik Thomsen und ....

- Geschäftsleitung und Gründungspartner der Supply Management Group™, St. Gallen.
- Top-Management-Berater internationaler Konzerne und mittelständischer Unternehmen.
- Beratungsschwerpunkte sind Strategisches Management, Supply Management, Prozessmanagement, Lean Management und Logistik-Management.
- Langjährige Erfahrung als Projektleiter internationaler Strategie-, Prozess- und Einkaufsprojekte, Projektleiter in einem der größten Logistikoptimierungs- und Restrukturierungsprojekte Deutschlands; vorher Projektleiter Kernkompetenzen in einem deutschen Industriekonzern.
- Lehrbeauftragter an der Technischen Universität München im Fachgebiet Betriebswirtschaftslehre mit dem Forschungsschwerpunkt Strategische Unternehmensführung und Kostenmanagement sowie an der European Business School (ebs) mit dem Schwerpunkt Supply Management und Logistik.
- Universität: Dr. rer. pol. Dipl.-Ing. Dipl.-Wirtsch. Ing., Technische Universität München und Strathclyde University Glasgow.
- Mehrere internationale / nationale Auszeichnungen für Publikationen.

… Roger Moser, lic. oec. HSG.

- Head of Case Study Center am Supply Management Institute SMI™ International Research and Training Center for Purchasing, Logistics and Supply Chain Management.
- Research Assistant am SVI-Stiftungslehrstuhl für Einkauf, Logistik und Supply Chain Management an der European Business School (ebs), International University Schloss Reichartshausen, Deutschland.
- Management-Berater in den Bereichen Einkauf, Logistik und Outsourcing in Projekten in der Schweiz, Deutschland und den Vereinigten Staaten von Amerika.
- Studium der Betriebswirtschaftslehre an der Universität St. Gallen und der Lancaster University, School of Management, UK.
- Laufendes Dissertationsprojekt: Strategic Purchasing and Supply Management: A Strategy-based Selection of Suppliers

Inhaltsübersicht (I)

Inhaltsübersicht (II)

Inhaltsübersicht

Inhaltsübersicht

Checkliste zur Entscheidung Make, Cooperate or Buy (MCoB).

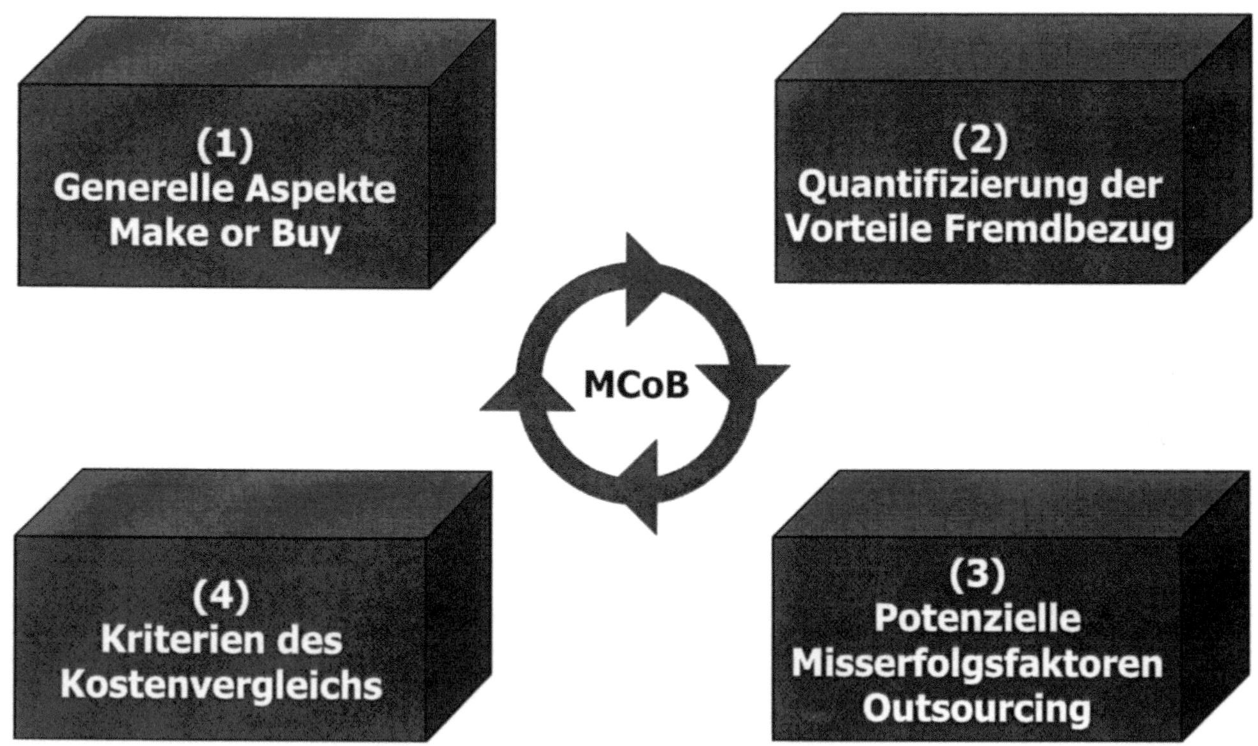

Quelle: In Anlehnung an Gerberich, 2002.

Checkliste zur Entscheidung Make, Cooperate or Buy.

(1) Generelle Aspekte Make, Cooperate or Buy	(2) Quantifizierung der Vorteile Fremdbezug

Konzentration auf Kernkompetenzen.
Auslagerungsbarrieren ermitteln.
Einlagerungsbarrieren ermitteln.
Alle entscheidungsrelevanten Kosten ermitteln.
Mögliche Entscheidungssituationen betrachten.
    bei Unterbeschäftigung/Vollbeschäftigung.
    bei veränderbaren/nicht veränderbaren Kapazitäten.
Kriterien für die Auswahl des Outsourcingpartners festlegen.
Vertrauen mit dem Partner aufbauen
    Langfristige Zusammenarbeit.
    Beidseitiger Vorteil.
    Fairness im Leistungsaustausch.
Sicherstellung von Qualität, Sicherheit und Flexibilität.
	Verbessern der eigenen Arbeitsabläufe.
	Produktivitätssteigerungen planen.
	Ermitteln der entscheidungsrelevanten Kosten.
	Kurzfristige Kostenvorteile ermitteln.
	Langfristige Kostenvorteile ermitteln.
	Abbaufähige Fixkosten ermitteln.
	Stilllegungskosten ermitteln.
	Qualitätsverbesserungen vereinbaren.
	Zugang zum Know-how des Lieferanten.

Quelle: In Anlehnung an Gerberich, 2002.

Checkliste zur Entscheidung Make, Cooperate or Buy.

(3) Potenzielle Misserfolgsfaktoren Outsourcing

- Kein Reduzieren der Fixkosten.
- Qualitätsprobleme.
- Verlust von Kernkompetenzen.
- Falsche Einschätzung der eigenen Kosten.
- Falsche Einschätzung der Fremdbezugskosten.
- Kein Erkennen und Abbau der Fixkosten.
- Schnittstellenprobleme.

(4) Kriterien des Kostenvergleichs

- Kosten des Zukaufs.
  - Zukaufspreis.
  - Anbahnungskosten, Vereinbarungskosten, Abwicklungskosten, Kontrollkosten.
  - Anpassungskosten.
- Kosten der Eigenerstellung.
  - Herstellkosten.
  - Prozesskosten der Leistung.
- Kosten des Leistungspotenzials.
  - Vorhaltekosten, Vorleistungskosten, Dispositionskosten.
  - Kosten des Sozialplans.
- Gesamtkostenvergleich durchführen.
- Gesamtkosten in Relation zur Leistungssteigerung.
- Ablaufplan der Prozesskosten und der Kosten des Leistungsvergleichs.

Quelle: In Anlehnung an Gerberich, 2002.

Ziele von Outsourcing.

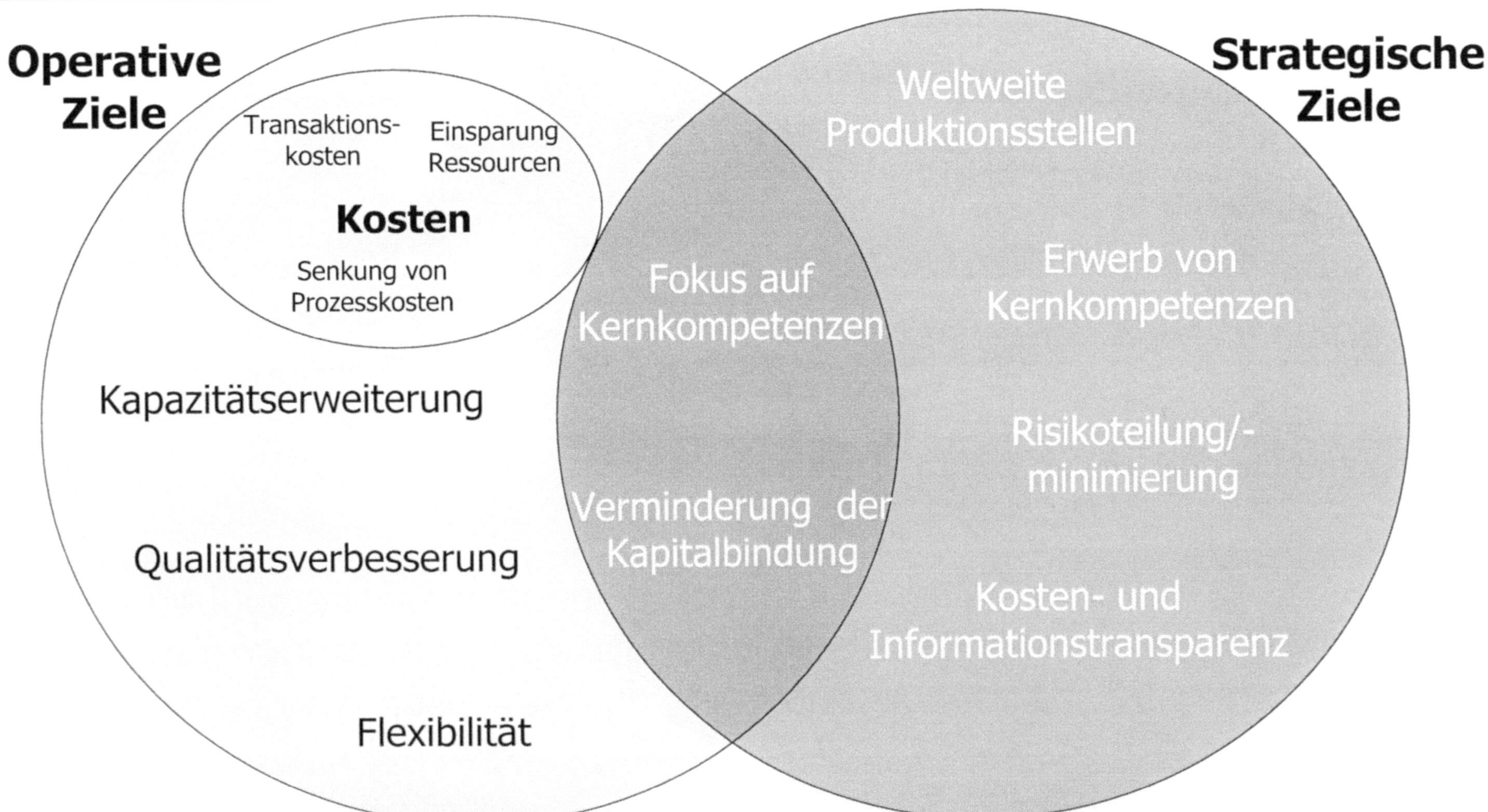

Outsourcing vermag das klassische Spannungsdreieck aus Kosten, Qualität und Zeit nicht aufzulösen, doch bei richtigem Einsatz können die verschiedenen Dimensionen verbessert werden.

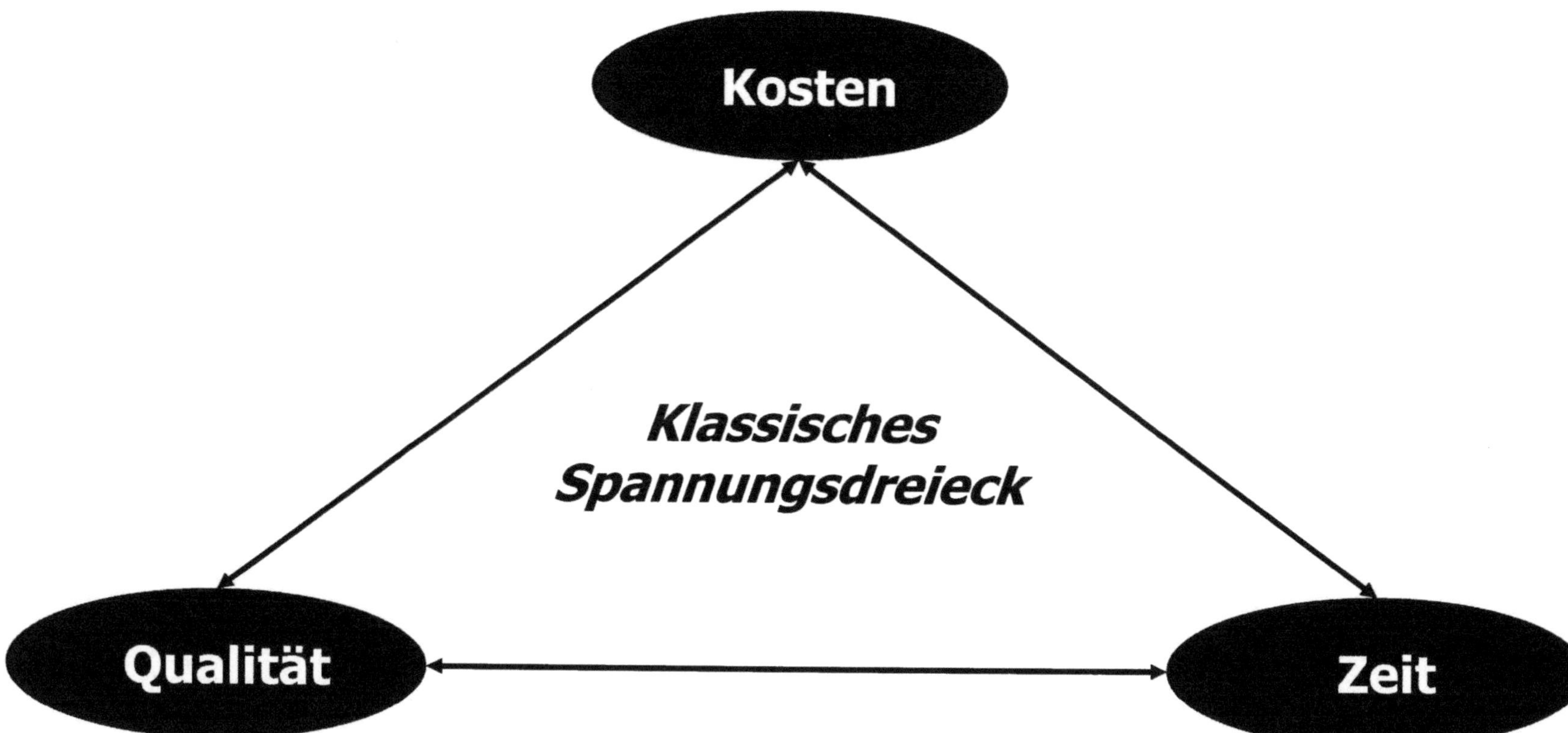

Zieldimension Kosten.

- Kostenvorteile zeigen sich vor allem in der Möglichkeit des Outsourcingnehmers Skalen- und Erfahrungseffekte zu realisieren.
- Der Outsourcinggeber kann teilweise Fixkosten in variable Kosten verwandeln und seine Investitionen auf das Kerngeschäft konzentrieren.
- Outsourcing führt im allgemeinen zu mehr Kostentransparenz und zu einem höheren Kostenbewusstsein im outsourcenden Unternehmen.
    - Probleme der internen Kostenermittlung werden verringert.
    - Führungskräfte und Mitarbeiter erkennen besser, welche Kosten pro Leistungseinheit entstehen.
- Oftmals genügt der potenzielle Wettbewerbsdruck durch einen externen Dienstleister, um die Produktivität interner Bereiche zu verbessern.
- Eine reine Kostenorientierung der Outsourcing-Entscheidungen kann zu einer „Spiral of Decline" führen, dies kann einen unkontrollierten Wissensabfluss verursachen.
- Kurzfristige Kostenvorteile können sich durch eine falsche Outsourcingnehmerauswahl oder ein falsches Outsourcingnehmermanagement in langfristige Kostennachteile verwandeln.

Zieldimension Qualität.

- Da der externe Dienstleister meist seine Kernkompetenzen im Bereich der zu erstellenden Leistung besitzt, ist es ihm möglich, diese mit einer besseren Qualität zu erbringen (trotz niedrigerer Kosten).
- Dem outsourcenden Unternehmen fällt es auch leichter strenge Qualitätsanforderungen gegenüber einem externen Unternehmen durchzusetzen. Druck lässt sich über die leistungsbezogene Bezahlung des externen Dienstleisters leichter ausüben. Allerdings ist die Messung der erbrachten Qualität mit Schwierigkeiten verbunden.
- Wichtig ist die Festsetzung gemeinsamer Standards und einer einheitliche Qualitätsmessung.
- **!** Qualität wird immer durch die Wahrnehmung des Kunden definiert **!**

Zieldimension Zeit.

- Nicht-Kernkompetenzen des Unternehmens verbrauchen Zeit des Management für operative Entscheidungen. Durch ein Outsourcing kann diese Zeit für die wertsteigernden, strategischen Entscheidungen im Bereich der Kernkompetenzen verwendet werden.
- Es muss aber beachtet werden, dass keine „outsourced and forgot" Einstellung entsteht. Auch die Auslagerung/Einkauf/Überprüfung von Leistungen benötigt Zeit. Dies muss bei einer Outsourcing Entscheidung berücksichtigt werden.
- Outgesourcte Prozesse werden von einem spezialisierten Anbieter auch meist zeitlich optimierter durchgeführt.
- Outsourcing kann auch in Bezug auf zeitliche Flexibilität Verbesserungspotenziale erzielen, da die Kapazitätsrestriktionen von Outsourcingnehmern oftmals wesentlich geringer sind.

Outsourcing als Konsequenz einer detaillierten Schichtenbetrachtung der Wertschöpfungskette des Unternehmens.

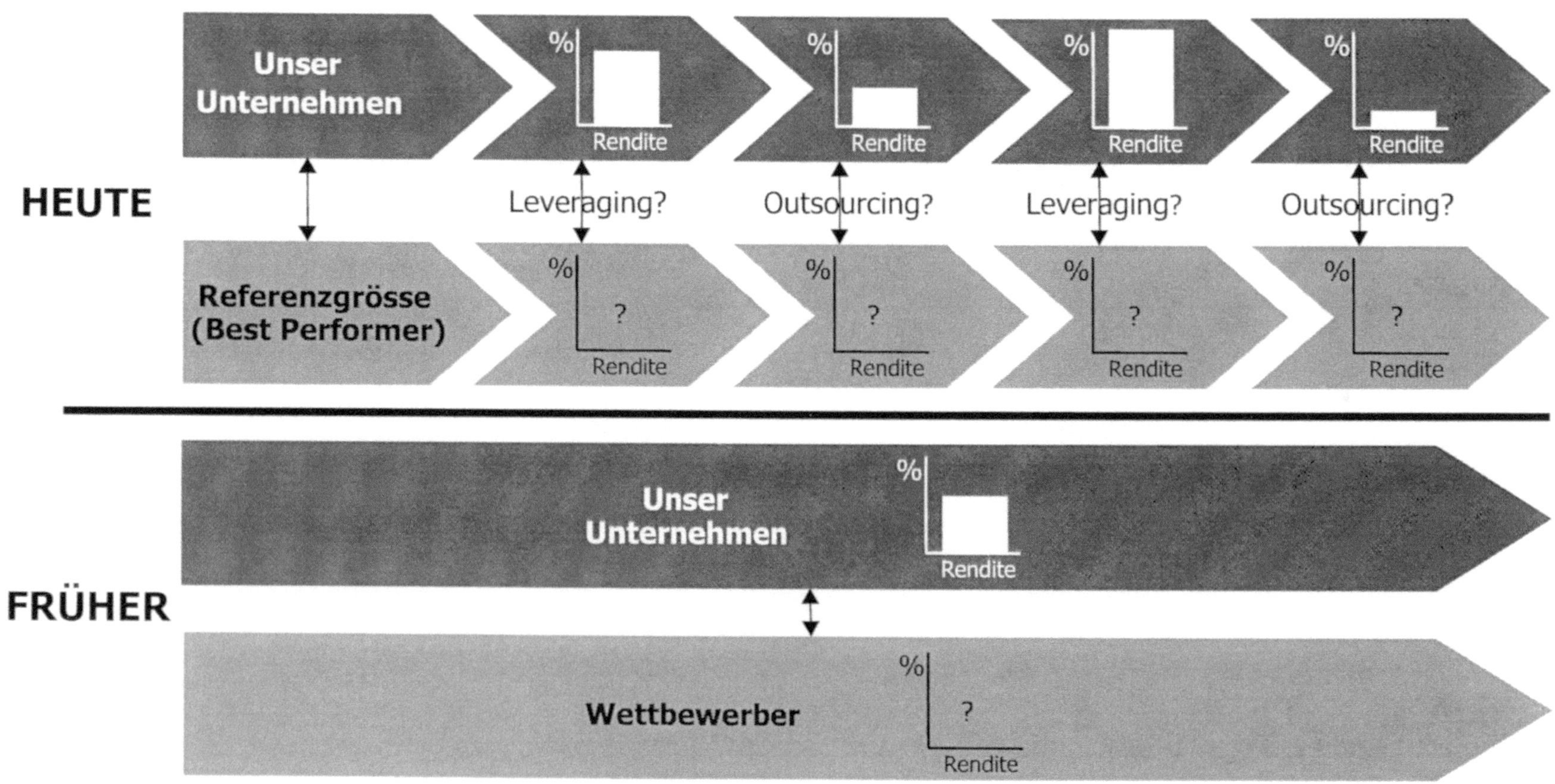

Quelle: In Anlehnung an Friedrich, 2000.

Der Begriff Outsourcing.

- Der Begriff „Outsourcing" setzt sich zusammen aus den Bestandteilen:

  outside, re**sourc**e, us**ing**

- Der begriffliche Ursprung findet sich in der Auslagerung computergestützter Informationsverarbeitung an Drittfirmen.
- In Praxis und Theorie werden für Outsourcing auch folgende Begriffe teils synonym, teils differenziert verwendet:
  - Eigen-/Fremdfertigung
  - Fertigungs-/Leistungs- oder Wertschöpfungstiefenentscheidung
  - Vertikale Integration
  - Make-or-Buy
  - Make-Cooperate-or-Buy
- Generell kann unter Outsourcing eine tief greifende, strukturelle Veränderung der eigenen Wertschöpfungskette mit langfristigen Konsequenzen und dem Resultat der Reduzierung der eigenen Wertschöpfungstiefe verstanden werden.

Quelle: Müller & Prangenberg, 1997; Koppelmann, 1996; Möller, 2000; Bliesener, 1994; Matiaske & Mellewigt, 2002; Bruch, 1996.

Inhaltsübersicht

Es existieren unterschiedliche Outsourcingformen.

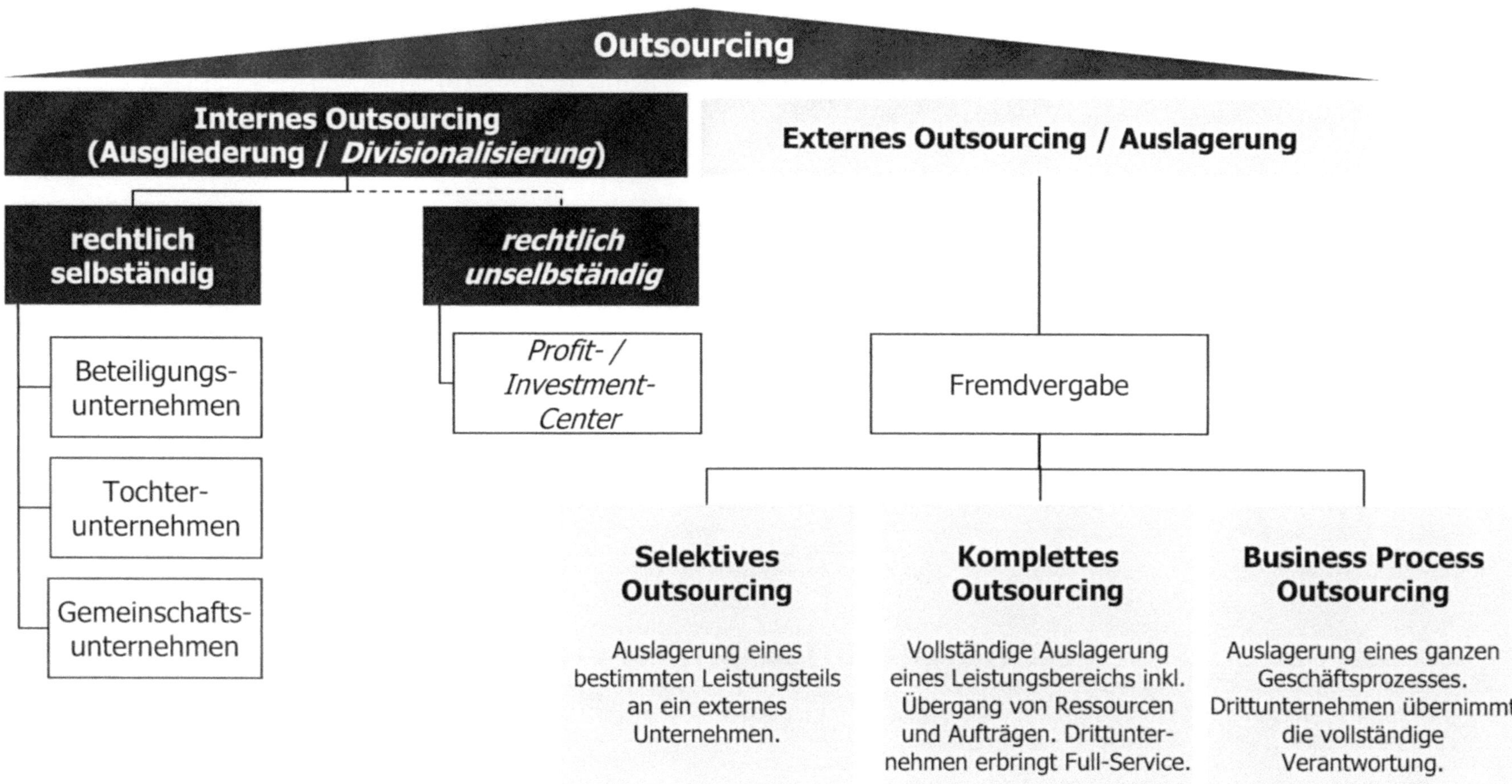

Quelle: In Anlehnung an Hodel, 1999; Zahn et al., 1999.

Divisionalisierung: Profit-Center resp. Investment-Center.

- Mit der Divisionalisierung wird ein **erster** Schritt in Richtung Outsourcing von Funktionen und Prozessen eines Unternehmens realisiert.
- Vorteile
  - Kosten und Leistungen können den Divisionen verursachungsgerecht zugerechnet werden.
  - Verantwortlichkeiten sind einfach identifizierbar.
  - Etablierte, informelle Kommunikationswege bleiben bestehen.
- Nachteile
  - Der Erfolg von Divisionen wird stark von Entscheidungen der obersten Unternehmensleitung beeinflusst.
  - Die motivationalen Vorteile eines weitergehenden Outsourcings werden kaum realisiert.
- Profit-Center:
  - Das Profit-Center verantwortet verursachte Kosten und erzielte Leistungen.
  - Das Profit-Center besitzt Entscheidungsautonomie über Kosten und Leistungen.
- Investment-Center:
  - Das Investment-Center besitzt zusätzlich Entscheidungsautonomie über Investitionen.

Quelle: Winter, 2003.

Ausgliederung: Tochterunternehmen.

- Die Gründung eines Tochterunternehmens erlaubt eine eindeutige Abgrenzung der Verantwortungsbereiche vom restlichen Geschäft, der Einfluss des Mutterunternehmens bleibt aber sehr stark.
- Merkmale:
  - Die Verarbeitung sensitiver Daten beim Tochterunternehmen ist für das Mutterunternehmen kein Problem.
  - Für das Mutterunterunternehmen besteht die Möglichkeit, Investitionshilfen und Steuererleichterungen zu nutzen.
  - Das Tochterunternehmen trägt das alleinige finanzielle Risiko (zumindest Haftungsbegrenzung).
  - Eventuelle Rahmenverträge (z.B. Tarifverträge) des Mutterunternehmens sind nicht auf das Tochterunternehmen übertragbar und ermöglichen eine flexiblere Handhabung (z.B. Entlohnung der Mitarbeiter).
  - Das Tochterunternehmen kann selbständig Kooperationen eingehen und in Beteiligungen investieren.

Quelle: Winter, 2003.

Ausgliederung: Gemeinschaftsunternehmen.

- Ein Gemeinschaftsunternehmen wird von mehreren Gesellschaften gegründet. Die einzelnen Gesellschafter halten in der Regel nicht mehr als 50% der Anteile am Kapital.
- Merkmale:
  - Durch den Zusammenschluss können Synergieeffekte durch Know-how Transfer, gemeinsame Nutzung von Anlagen, Zusammenlegung von Verwaltungen oder gemeinsamer Forschung realisiert werden (Economies of Scope).
  - Das Gemeinschaftsunternehmen erreicht durch den Zusammenschluss Vorteile durch seine Unternehmensgrösse (Economies of Scale), welche die einzelnen Gesellschafter alleine nicht erzielen könnten.
  - Sensitive Daten der Gesellschafter sind für die übrigen Gesellschafter (z.B. andere Wettbewerber) relativ leicht zugänglich.
  - Investitionsrisiken können besser verteilt und Finanzbedarfe besser gedeckt werden.
  - Das Gemeinschaftsunternehmen kann sich eine eigene Identität als Leistungsanbieter auf dem Markt schaffen.

Quelle: Winter, 2003.

Ausgliederung: Beteiligungsunternehmen.

- Ein Beteiligungsunternehmen ist ein selbständiges Unternehmen ohne gemeinsame Leitung durch die Gesellschafter. Die Beteiligungsgesellschaft bietet ein am Markt orientiertes Leistungsspektrum an.
- Merkmale:
  - Das Beteiligungsunternehmen ist unabhängiger als die anderen internen Outsourcing-Formen.
  - Der Einfluss der einzelnen Gesellschafter ist meistens relativ gering.
  - Wie beim Gemeinschaftsunternehmen sind sensitive Daten der einzelnen Gesellschafter für die übrigen Gesellschafter relativ leicht zugänglich.
  - Wie beim Gemeinschaftsunternehmen können Economies of Scale und Economies of Scope realisiert werden.

Quelle: Winter, 2003.

Auslagerung: Business Process Outsourcing.

- Als Business Process Outsourcing (BPO) wird die dauerhafte Auslagerung eines gesamten Geschäftsprozesses mit seiner EDV an einen externen Dienstleister bezeichnet. Es werden somit keine Ressourcen und Kapazitäten vorgehalten, sondern nur die Leistungen bezahlt.
- Merkmale:
  - Die Leistung wird von einem externen Unternehmen erbracht, es wird leistungsorientiert abgerechnet.
  - Höhere Economies of Scale bzw. Economies of Scope können mit dem externen Dienstleister erzielt werden, da dieser dieselbe Leistung für mehrere Unternehmen erbringt.
  - Der externe Dienstleister sieht seine Kernkompetenzen in dem an ihn ausgelagerten Bereich.
  - Häufige Bereiche für ein BPO sind: Personalwesen, Lagerverwaltung, Zahlungssysteme.

Quelle: Carter et al., 2004.

Outsourcing-Hauptarten.

Business Application Outsourcing

- Software Anwendungen werden an einen Application Service Provider outgesourct
- Wird auch als Subform des selektiven Outsourcing betrachtet

Selektives Outsourcing

- Auslagerung von Teilen eines Bereiches
- Mit vielen Unternehmen gleichzeitig
- Wird auch als Outtasking bezeichnet, wegen des flexiblen und modularen Aufbaus

Transformationales Outsourcing

- Erwerb von Know-how/ Fähigkeiten steht hier im Vordergrund
- Strategisches Outsourcing
- Häufig wird „klassisches" Outsourcing fälschlicherweise als transformational bezeichnet

Offshoring

- Outsourcing in ein anderes meist weniger kostenintensives Land
- Heute spielen immer mehr auch strategische Gründe beim Wechsel in ein anderes Land eine Rolle

Business Process Outsourcing

- Dauerhafte Auslagerung gesamter Geschäftsprozesse
- Mit EDV Betreuung durch den Dienstleister
- Leistungsorientierte Bezahlung

„on demand" Outsourcing

- Keine dauerhafte Partnerschaft
- Leistungen auf Bestellung
- Abrechnung der einzelnen Leistung
- Hohe Flexibilität

Offshoring: Outsourcing in andere Länder unter Einbezug situativer Faktoren.

- Offshoring (offshore = ablandig) stellt im Grundbegriff ein Outsourcing in ein anderes Land dar (aus kontinentaler Perspektive). Dies bedeutet die dauerhafte Auslagerung von Leistungen ins Ausland. Meist von einem lohnintensiven in ein kostengünstiges Land, wobei mittlerweile auch strategische Gründe eine Rolle spielen.
- Beim Offshoring stellen sich zwei Entscheidungen:
  1. Was wird outgesourct?
  2. In welches Land bzw. Region wird outgesourct?
- Ein typischer Handlungsfehler ist hierbei, dass Unternehmen zu viel Bedeutung der zweiten Entscheidung beimessen. Der höhere Wert wird geschaffen durch die richtige Entscheidung „was" outgesourct werden soll.
- Die Entscheidung welche Abteilungen outgesourct werden, muss als ständiger Prozess angesehen werden, da sich die Abteilungen in einem veränderlichen Umfeld befinden.

Quelle: A.T. Kearney, 2004; Jahns, 2004.

Berücksichtigung von situativen Faktoren bei der Entwicklung von Gestaltungsempfehlungen für Offshoring.

Outsourcing	Situative Faktoren	Offshoring
Berücksichtigung des theoretischen und empirischen Wissens über Outsourcing. Best Practice Erkenntnisse im Outsourcing.	Offshoring-spezifische Einflussfaktorenanalyse aus - makroökonomischer, - politisch-rechtlicher, - sozio-demographischer, - technologischer Umwelt in Offshoring-Ländern.	Kombination für Gestaltung von Empfehlungen für - Planung, - Organisation, - Personaleinsatz, - Führung und - Überwachung von Offshoring-Aktivitäten.

Ergebnis einer Konzeptanalyse zum Thema Offshoring:

✓ Keine phasenorientierten und situative Faktoren berücksichtigende Gestaltungsansätze.

✓ Empfehlungen zum Offshoring beinhalten fast ausschliesslich Bekanntes zum Outsourcing.

✓ Keine systematische Verortung vereinzelt existierender Offshoring Besonderheiten.

Quelle: In Anlehnung an Jahns, 2004.

Keine einheitliche Definition des Begriffes „Offshoring" – Existenz einer Begriffsvielfalt.

Blendshoring	Offshore Outsourcing
Global Sourcing	Offsite Outsourcing
International Outsourcing	Offsourcing
International Sourcing	Onshore Outsourcing
Low Cost Country Sourcing	Onshoring
Multishoring	Outsourcing
Nearshoring	Strategic Outsourcing
Nearshore Outsourcing	Strategic Sourcing

Quelle: Jahns, 2004.

Das Offshoring-Begriffsverständnis basiert auf verschiedenen Aspekten.

1. **Outsourcing** (outside, resource, using)
   Hiemstra/van Tilburg 1993; Koppelmann 1996; Schäfer 1999

   Outsourcing (outside, resourcing)
   Meyer/Leuppi 1992; Everstein et al. 1993; Dillerup/Foschiani 1996.

2. **Offshore** (to another continent)
   Kotabe 1990; Smith/Mitra/Narasimhan 1996; Lowson 2001.

3. **Relocation** (to low cost countries)
   Morstead/Blount 2003; La Londe 2004.

4. v.a. **Services** (white collar jobs)
   Smith et al. 1996; Sathyanarayan 2003; Robinson/Kalakota 2004.

→ **Offshoring**

Quelle: Jahns, 2004.

Indien dominiert den weltweiten Markt für Offshoring-Leistungen.

Marktgrösse für Offshoring-Services in 2001 [in Mrd. USD]

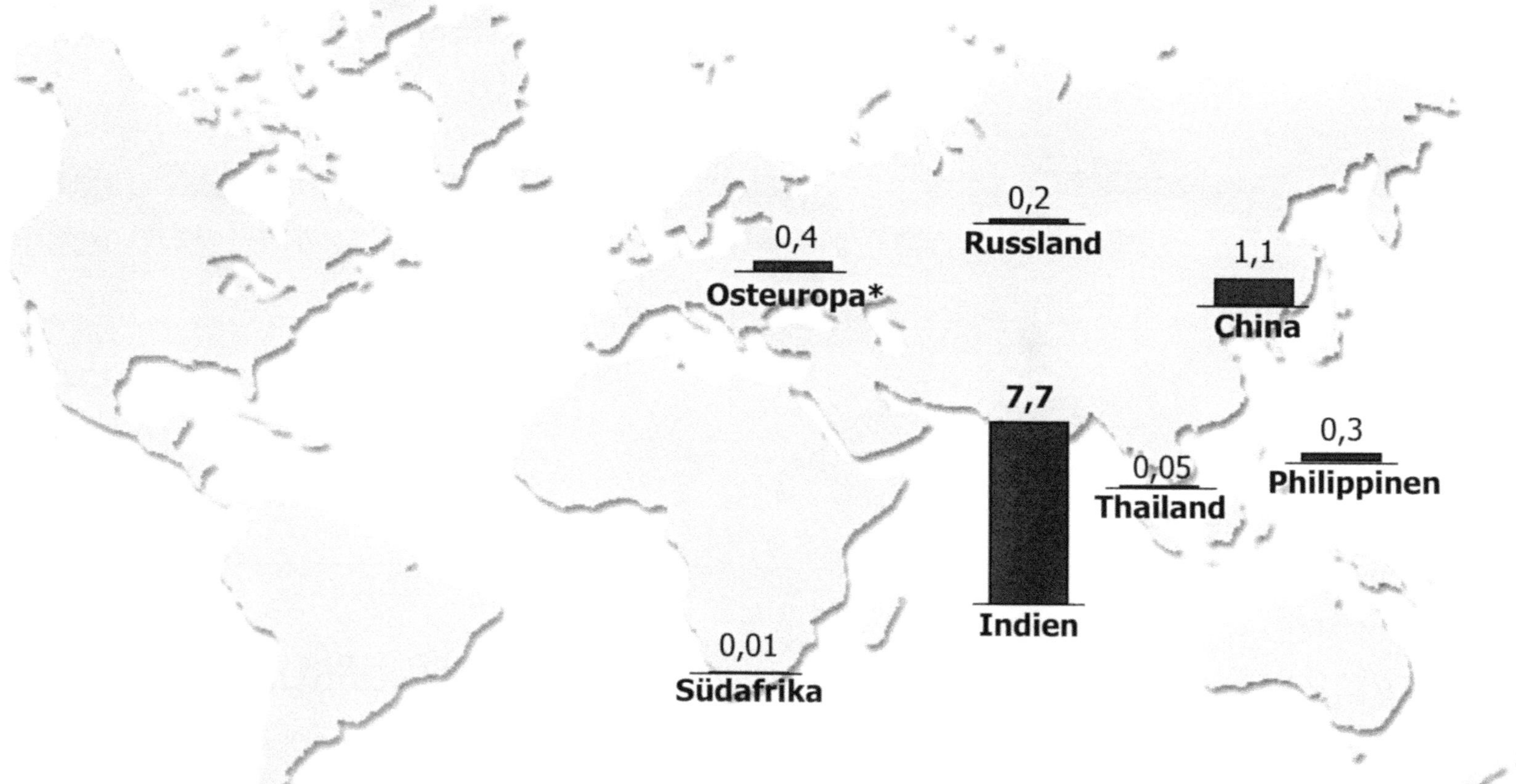

* enthält Daten aus Polen, Rumänien, Ungarn und Tschechischer Republik.

Quelle: in Anlehnung an U.S. Country Commercial Reports 2001: Informationen von Ministries of Information Technology aus den Ländern 2001. NASSCOM Report 2001.

Folgende Umwelteinflüsse verdeutlichen mögliche Motive des Offshoring.

Makroökonomische Umwelteinflüsse
- Hohe Lohnunterschiede.
- Stark steigende Investitionen in Ausbildung.
- Aufbau von Technologiezentren.

Politisch-rechtliche Umwelteinflüsse
- Abbau von Handelsbarrieren und Zöllen.
- Beitritte zum WTO-Abkommen.
- Kaum arbeitsrechtliche Restriktionen.

Sozio-demographische Umwelteinflüsse
- Grosse Anzahl an ausgebildeten Menschen.
- Gute Englischkenntnisse in Indien.
- Hohes Motivationspotenzial.

Technologische Umwelteinflüsse
- Sinkende Telekommunikationskosten.
- Ausbau von Glasfasernetzen.
- Aufbau von Mobilfunknetzabdeckung.

Quelle: Jahns, 2004.

Beispiele für die Entwicklung von Umwelteinflüssen.

Makroökonomisch: Vergleich der Arbeitskosten.

Arbeitskosten pro Stunde in USD (in 2000, Ingenieure)

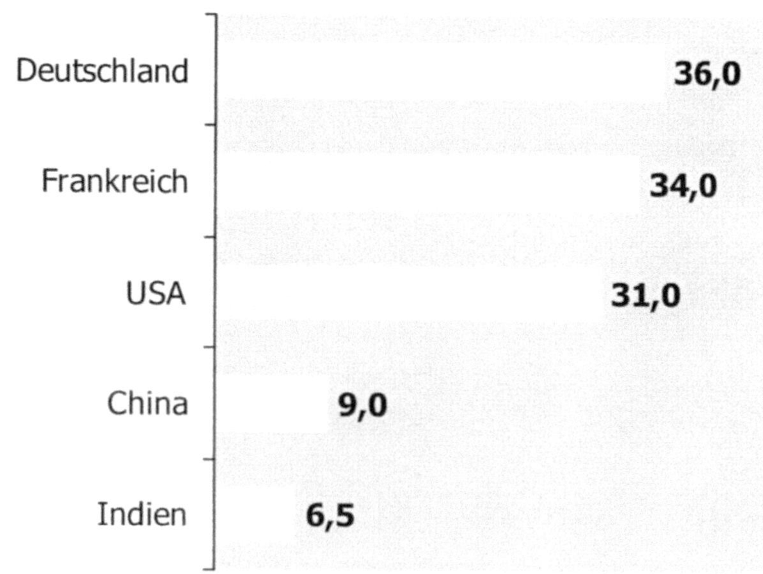

Quelle: in Anlehnung an United Nations Secretary and Industry Labor Office 2002.

Technologisch: Entwicklung der Telekommunikationskosten.

In Tausend USD pro Jahr für 2 Mbps Glasfaserkabel

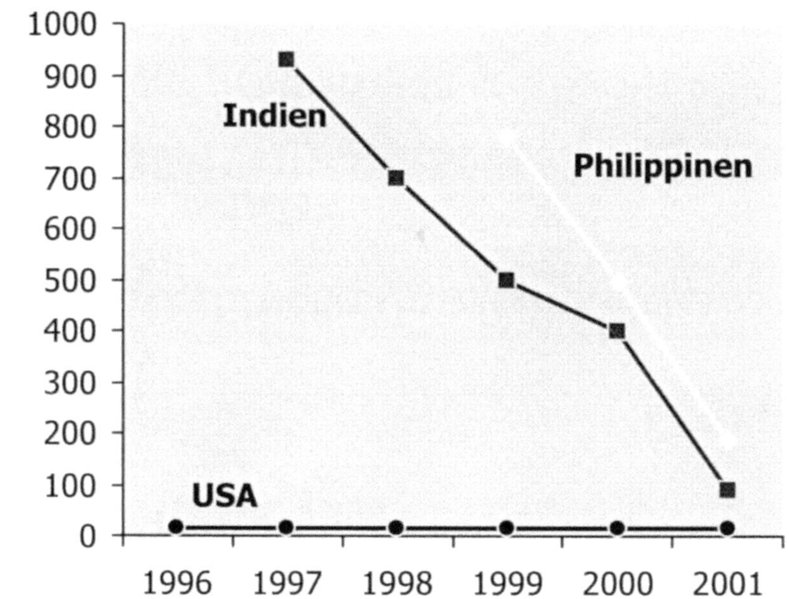

Quelle: in Anlehnung an MGI 2004.

Konsequenz: Wachstum des Marktes für Offshoring-Leistungen.

Beschäftigungsentwicklung in der indischen Offshoring-Service Industrie
[Anzahl der Mitarbeiter in Tausend]

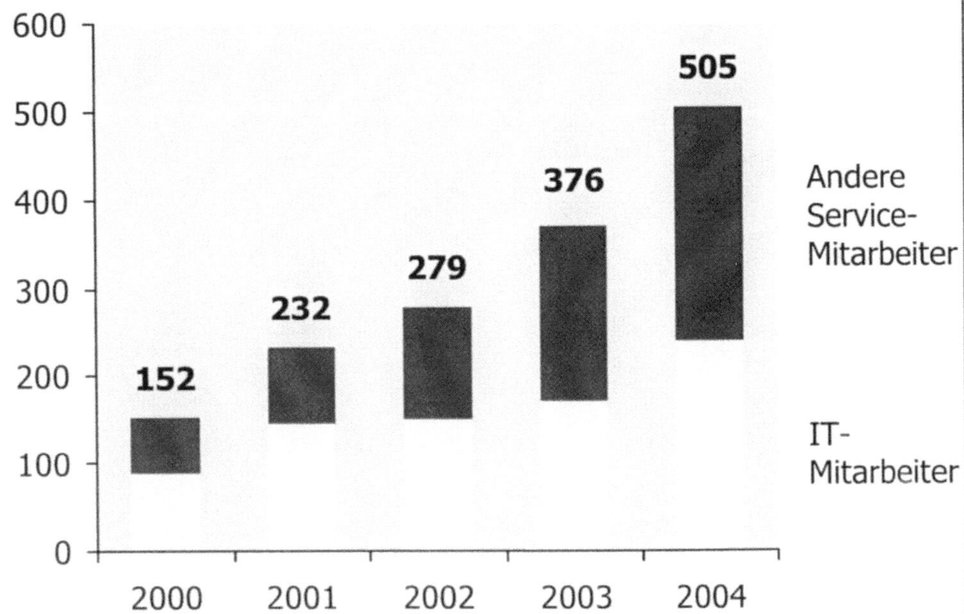

Quelle: in Anlehnung an Hilsenrath 2004.

Entwicklung indischer IT-Service-Exporte
[in Mrd. Euro]

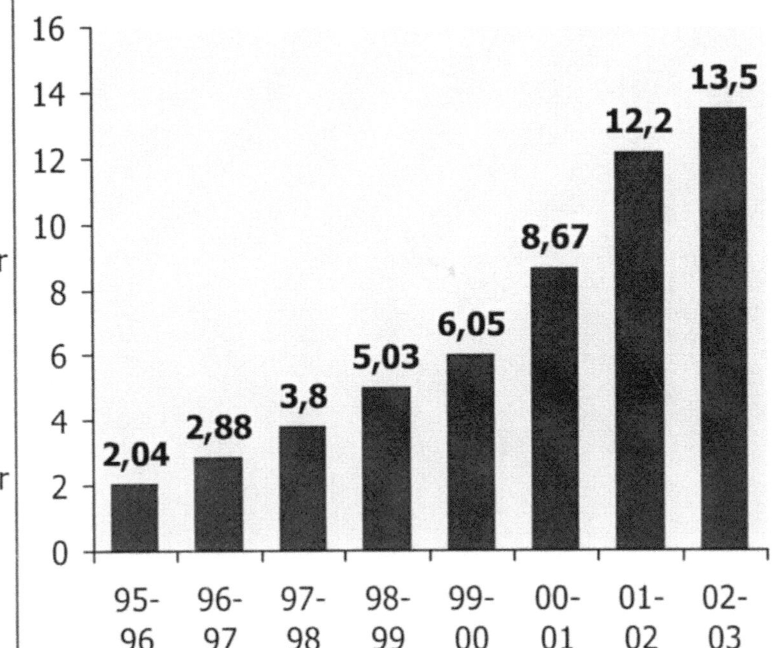

Quelle: in Anlehnung an Bhende et al. 2003.

Inhaltsübersicht

Outsourcing und Kernkompetenzorientierung.

- Outsourcing schafft mehr Zeit und Ressourcen, um sich auf die Kernkompetenzen zu konzentrieren.
- Da die Kernkompetenzen per Definition einen Wettbewerbsvorteil für ein Unternehmen darstellen, kann Outsourcing helfen, diesen Vorteil auszubauen.

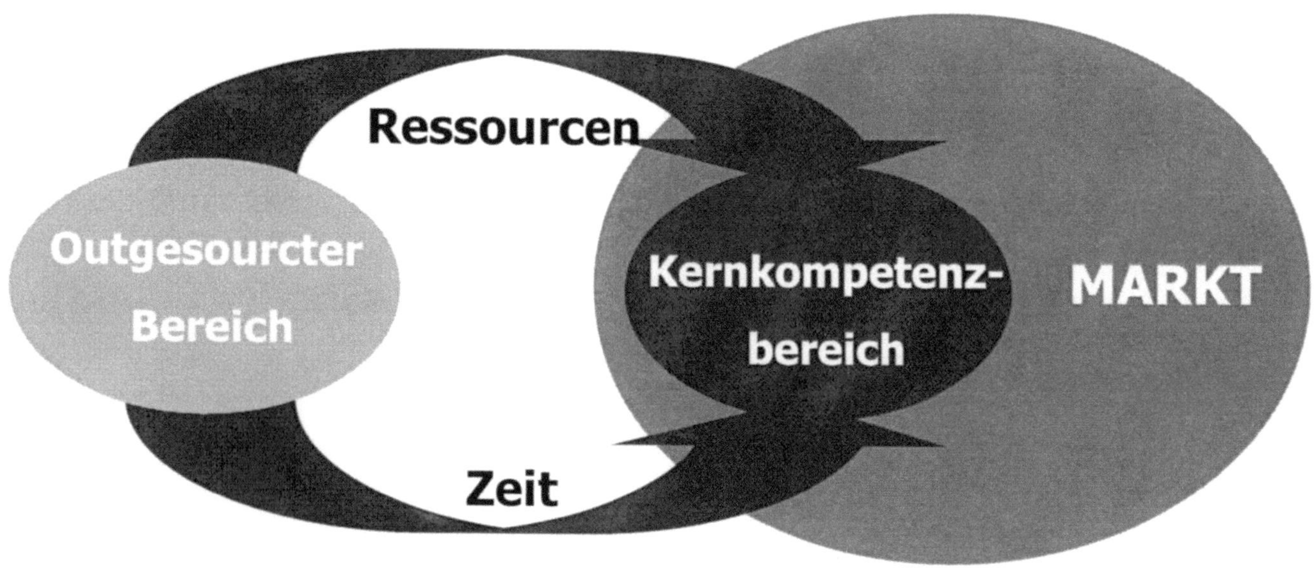

Definition des Begriffs der Kernkompetenzen.

- Nach Hamel & Prahalad (1990) hat eine Kernkompetenz drei Charakteristika:

1. Die Kernkompetenz bietet potenziellen Zugang zu einer Vielzahl von Märkten.

2. Die Kernkompetenz erhöht den wahrgenommen Kundennutzen.

3. Die Kernkompetenz ist durch Konkurrenten nur schwierig zu imitieren.

Quelle: Hamel & Prahalad, 1990.

Kernkompetenzen – Übersicht.

Bedeutung der Kernkompetenzen für das Unternehmen

- Bilden die Grundlage der Wettbewerbsvorteile eines Unternehmens.
- Grenzen Unternehmen von Wettbewerbern ab und schaffen so Wettbewerbsvorteile.

Kernkompetenzen entstehen durch Kombination von Ressourcenpotenzialen wie

- Technische Fertigkeiten
- Know-how
- Materielle und immaterielle Komponenten
- Spezifische Produktionsanlagen
- EDV-Systeme
- Image, Markenruf, Beziehungen, Erfahrungen
- Herausragende organisatorische und methodische Funktionen und Fähigkeiten, die das Unternehmen besser als der Wettbewerb beherrscht und die einen eindeutigen Kundennutzen erzeugen.

Aufgabe des Managements von Kernkompetenzen

- Unternehmensressourcen so zu bündeln, dass kreativitäts-, innovations- und effizienzfördernde Kernkompetenzen entstehen, die einen wesentlichen Beitrag zur Wertschöpfung leisten und eine erfolgreiche Positionierung auf bestehenden und künftigen Märkten ermöglichen.

Quelle: Hamel & Prahalad, 1990.

Outsourcing kann im Hinblick auf einen ressourcenbasierten Ansatz und den Kernkompetenzen-Gedanken verstanden werden.

- Kernkompetenzen-Ansatz von Prahalad/Hamel
- Marktorientierte Kernkomptenzen-Definition
  - BMW – nicht Motor oder Mobilität, sondern „Freude am Fahren"
  - SBB – nicht Personen- und Gütertransport von Bahnhof zu Bahnhof, sondern Lösung von komplexen Reiseanforderungen zu möglichst tiefen Preisen
- Verstärkung des Wettbewerbs (Globalisierung, Liberalisierung, Privatisierung) erfordert immer mehr Spezialisierung, Anpassungsfähigkeit und Effizienz/Effektivität.
- Immer mehr Anbieter entstehen, da der Markt für spezifische Leistungen grösser wird. Outsourcing treibt Outsourcing.

Die Entwicklung des strategischen Managements führt zu einer Orientierung an den Ressourcen des Unternehmens im Vergleich zum Wettbewerb.

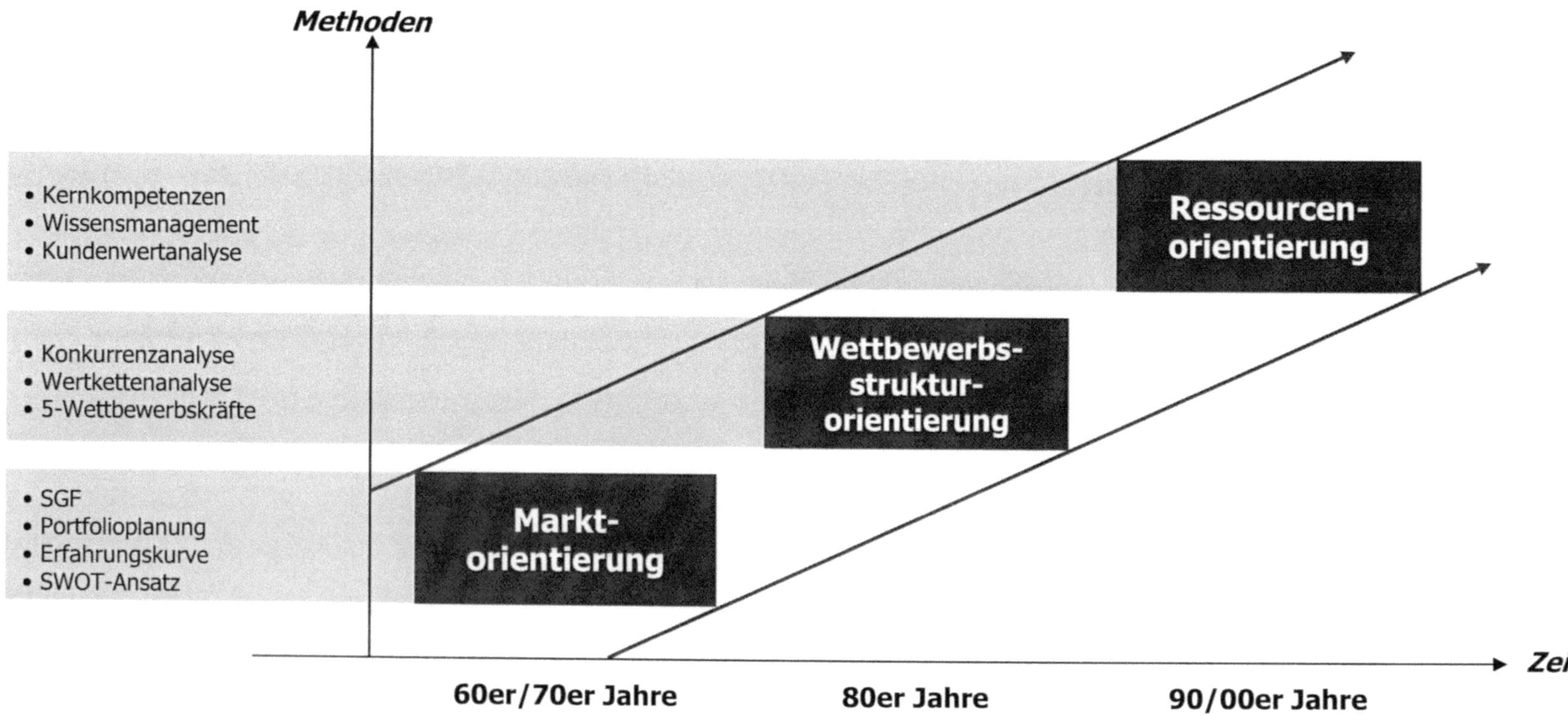

Kernkompetenzen – Die Wurzeln der Wettbewerbsfähigkeit.

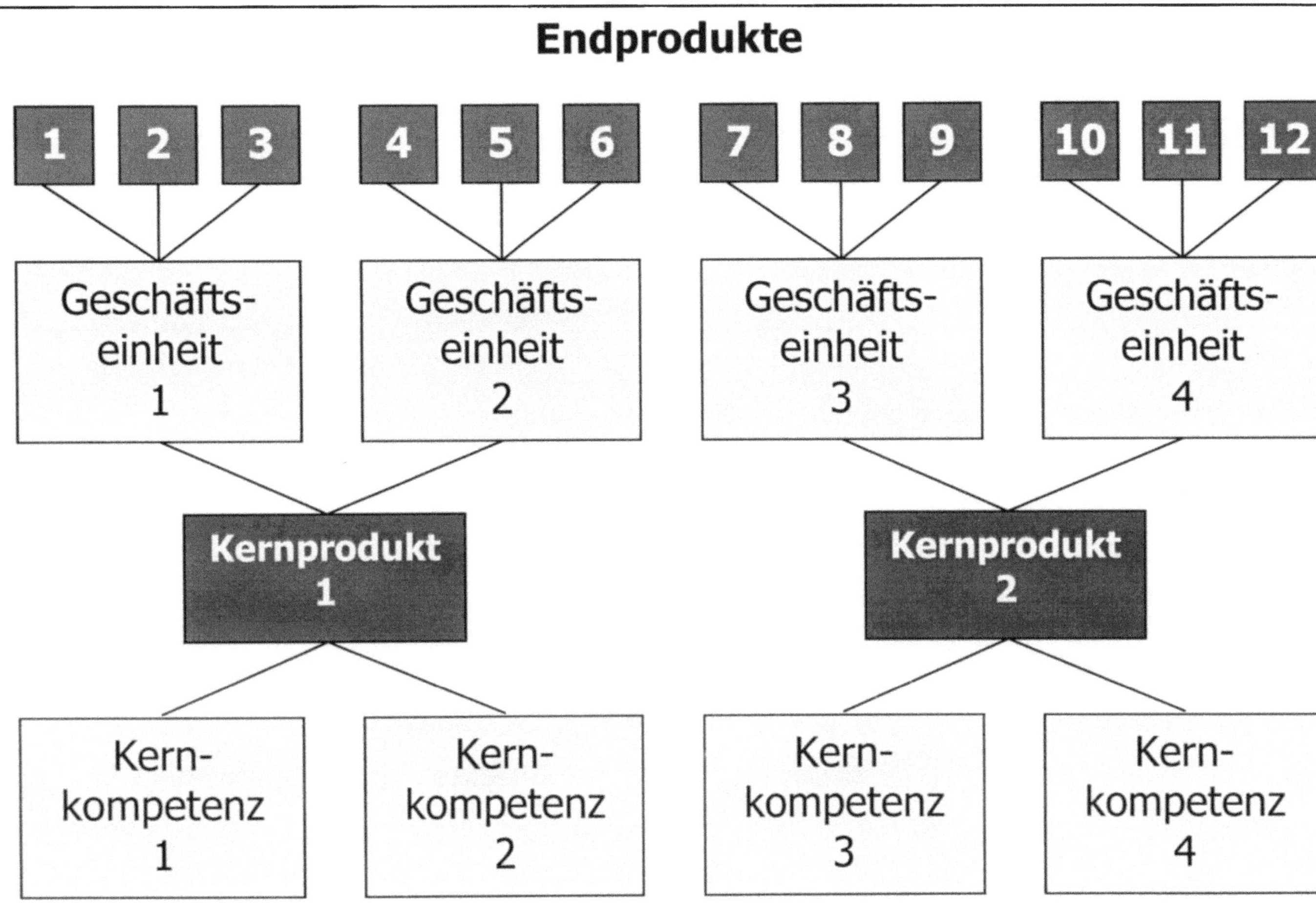

Quelle: Hamel & Prahalad, 1990.

Kriterien für die Definition von Kernkompetenzen.

Kernkompetenzen

- bieten dem Kunden heute und in der Zukunft einen bestimmten Wert oder Zusatznutzen und geben damit dem Unternehmen Zugang zu wichtigen Märkten.
- bieten dem Unternehmen einen dauerhaften Wettbewerbsvorteil, da sie einen wesentlichen Beitrag zur Wertschöpfung leisten.
- stellen ein Alleinstellungsmerkmal dar und bilden somit den einzigartigen Vorteil für das Unternehmen, der durch den Wettbewerb nicht-substituierbar und nicht-imitierbar ist.
- sind komplex und nicht durch einen einzigen Faktor bestimmt, sondern entstehen durch Kombination mehrerer Faktoren.
- sind geschäftsfeldübergreifend und nicht produktspezifisch.
- sind in Lernprozessen und dem Wissen einer Organisation begründet, sind oft nicht offensichtlich und bieten so Schutz gegen Nachahmer.

Quelle: Thomsen, 2001.

Kernkompetenzen bei Canon.

Jedes Canon-Produkt ist das Resultat wenigstens einer Kernkompetenz des Unternehmens

	Feinmechanik	Feinoptik	Mikroelektronik
Kamera: Einsteigermodell	■	■	□
Höherwertige Kompaktkamera	■	■	□
Elektronische Kamera	■	■	□
EOS Autofocuskamera	■	■	■
Stillvideokamera	■	■	■
Laserstrahldrucker	■	■	■
Farbvideodrucker	■	□	■
Tintenstrahldrucker	■	□	■
Faxgerät	■	□	■
Laserfaxgerät	■	□	■
Rechner	□	□	■
Normalpapierkopierer	■	■	■
Taschenphotokopierer	■	■	■
Farbkopierer	■	■	■
Farblaserkopierer	■	■	■
Stillvideosystem	■	■	■
Laserbelichter	■	■	■
Laserschneidegerät	■	■	■

Quelle: Hamel & Prahalad, 1994.

Beispiele für Kernkompetenzen.

Kernkompetenzen	Unternehmensbeispiele
Innovationsfähigkeit (Produktminiaturisierung)	SONY
Komponentenentwicklung	BOSCH Kfz-Elektronik; HONDA Motoren
Globalisierung der Vermarktung	McDonald's
Vertriebssystematik, Händlersteuerung	HONDA
Standortoptimierung	HUSSEL Holding (Handel)
Logistik im Handel	WAL*MART
Kundenintegration zur Leistungserstellung	IKEA®
Branding	Coca-Cola; Philip Morris Companies Inc. (Marlboro); BDF Beiersdorf (Nivea, Tesa)
Serviceorientierung	IBM
Prägung eines durchgängigen Wertesystems	THE BODY SHOP
Textilfärbung ("United Colors")	UNITED COLORS OF BENETTON.

Quelle: Welge et al., 2002.

Methodik zur kundenorientierten und wettbewerbsorientierten Identifikation von Kernkompetenzen in Unternehmen.

- Kundennutzen als Basis der Identifikation von Kernkompetenzen.
- Wettbewerbsorientierte Bewertung der vorhandenen Ressourcen unter Berücksichtigung des zu erzielenden Kundennutzens.
- Festlegung der Kernkompetenzen und Entscheidung über die Art der Kernkompetenzen-sicherung.

Das Modell zur Identifikation von Kernkompetenzen.

- Die Erzielung eines hohen, vom Kunden auch wahrnehmbaren Kundennutzens ist entscheidend für das Vorliegen einer Kernkompetenz. Dabei müssen die Kundenanforderungen deutlich besser als vom Wettbewerb erfüllt werden.

1) Ermittlung des Kundennutzens
- Bestimmung der Zielgruppe
- Aufnahme der Kundenstruktur
- Kundenbefragung

2) Wettbewerbsorientierte Bewertung der vorhandenen Ressourcen
- Test auf Nicht-Nachahmbarkeit
- Test auf Dauerhaftigkeit
- Test auf Bestimmbarkeit
- Test auf Substituierbarkeit
- Test auf wettbewerbliche Überlegenheit

3) Festlegung der Kernkompetenzen
- Kundennutzen-Fähigkeiten-Portfolio
- Kundennutzen-Verteidigbarkeit-Portfolio
- Kernkompetenz-Markt-Portfolio

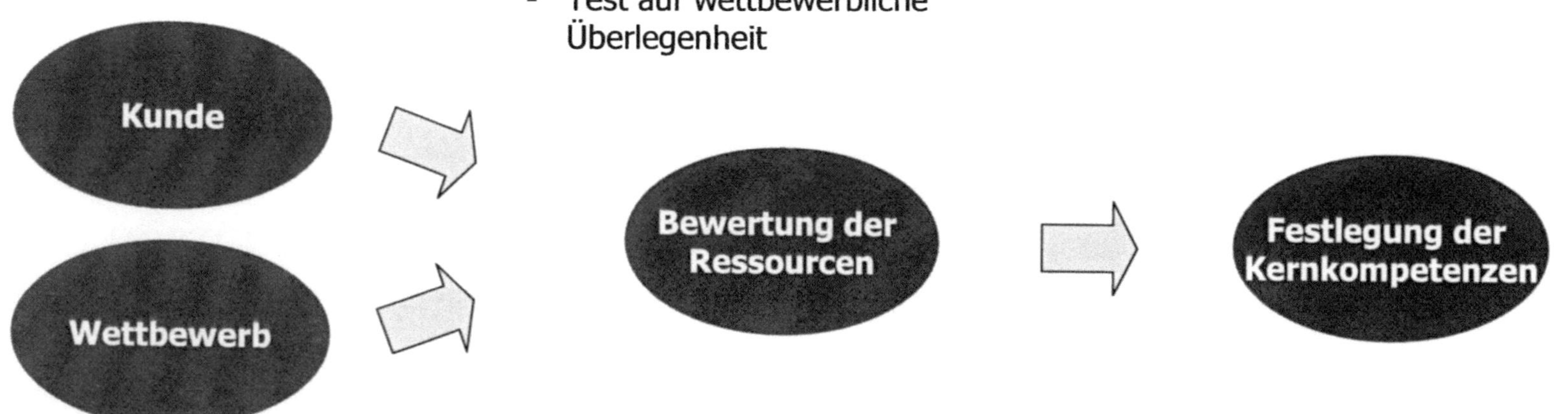

Quelle: Thomsen, 2001.

Einflussfaktoren auf die dauerhafte Wirksamkeit von Kernkompetenzen.

Dauerhafte Wirksamkeit von Kernkompetenzen

?

Unternehmen kennen ihre wirklichen Stärken nicht.

?

Kunden schätzen an den Produkten und Serviceleistungen der Unternehmen andere Komponenten, als die von der Geschäftsleitung identifizierten Kompetenzen.

?

Zunehmende Dynamik der Veränderungen in der Unternehmensumwelt erfordert ständige Anpassung der Kernkompetenzen.

Quelle: Thomsen, 2001.

Ansatzbereiche zur Identifizierung von Kernkompetenzen.

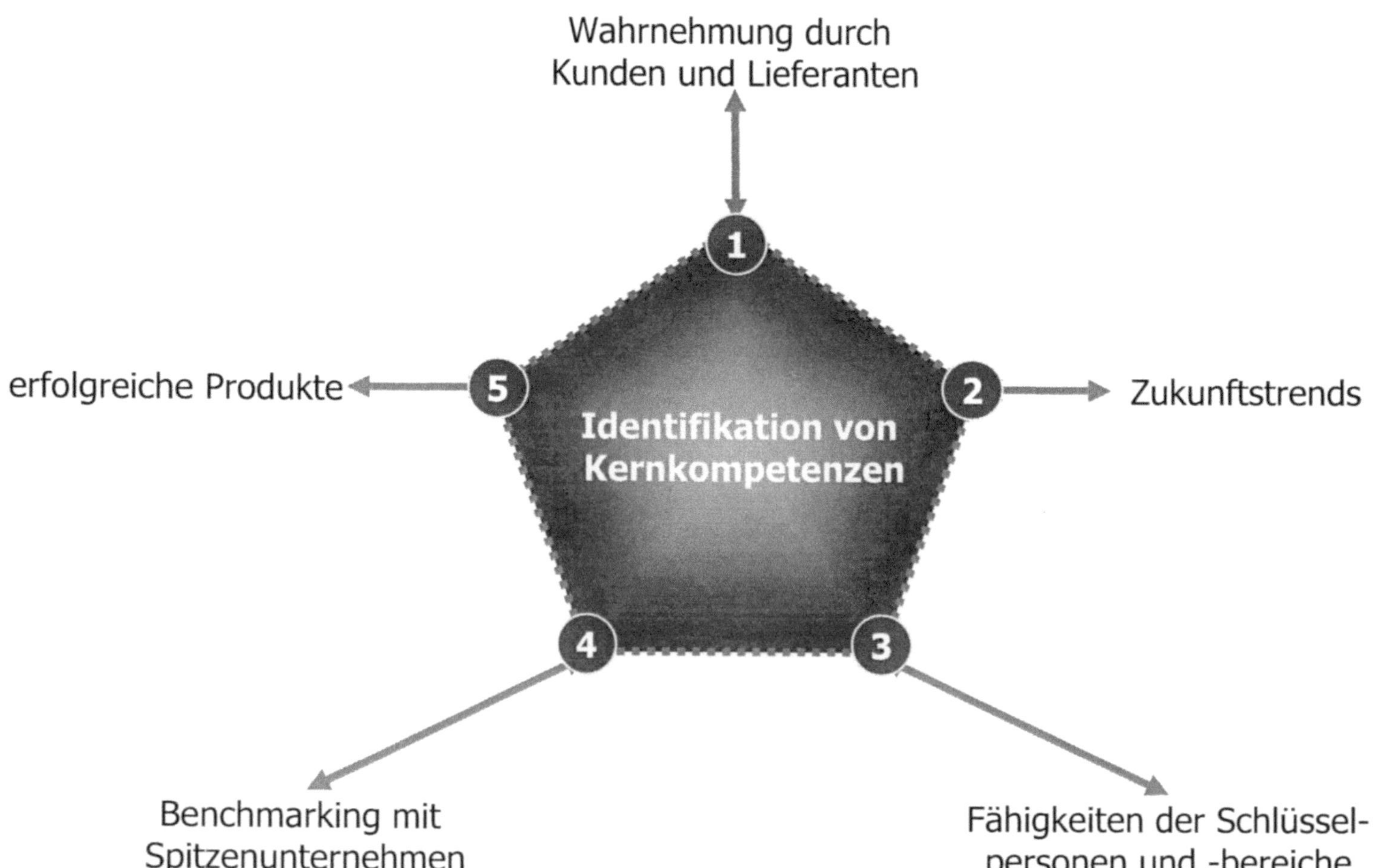

Quelle: Thomsen, 2001.

Erfolgsfaktoren zur Sicherung eines wirksamen Kernkompetenz-Managements.

- **fortlaufende Identifikation, Neugewinnung, Schutz und Weiterentwicklung.**
- **realistische Einschätzung der Kernkompetenzen durch interne und externe Bewertung.**
- **Leistungen anderer Unternehmen hervorragend integrieren.**
- **erkennen und aufgeben nicht mehr zielführender Kernkompetenzen.**
- **Etablierung einer Vertrauens- und Lernkultur im Unternehmen.**
- **Bündelung des Wissens.
Optimierung der Erzeugung, Speicherung und des Transfers von Wissen.**
- **Integration der Mitarbeiter in den Prozess des Kernkompetenz-Managements.**

Quelle: Thomsen, 2001.

Kundenbedürfnismatrix: Ein Grossteil der Chancen des Unternehmens bleibt unberücksichtigt.

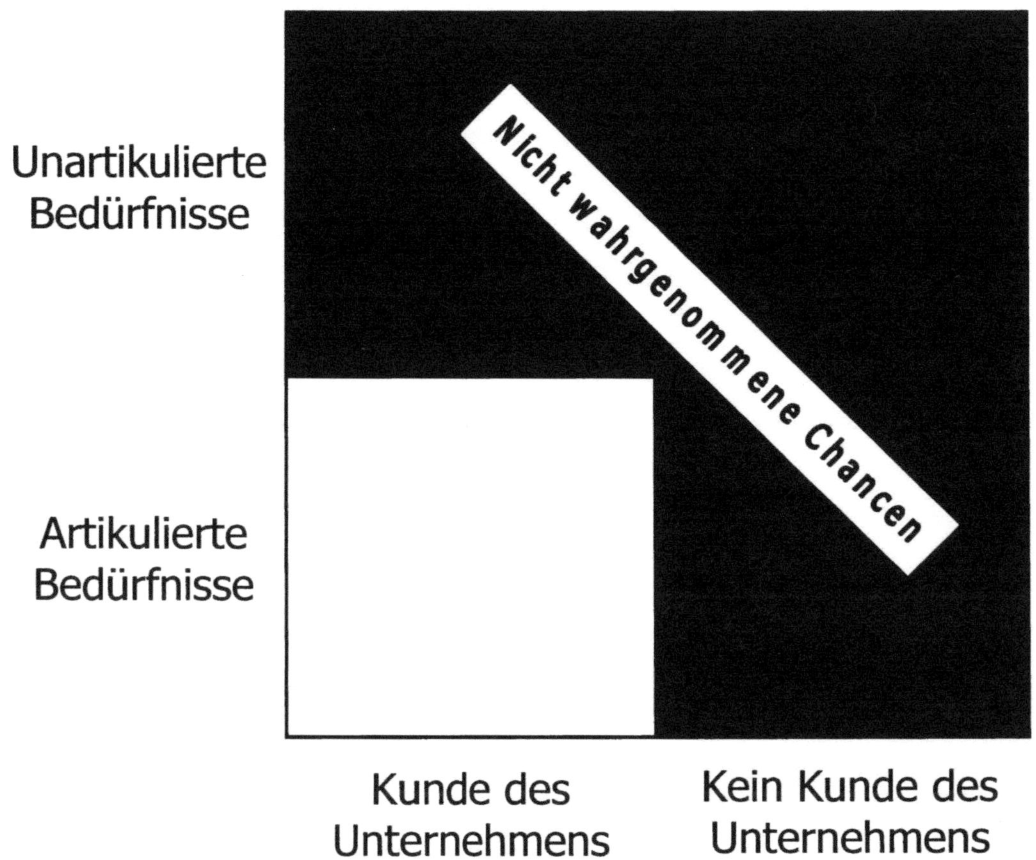

Quelle: in Anlehnung an Hamel & Prahalad, 1994.

Kombiniert man die Dimensionen Kundennutzen und Ausprägung der Fähigkeiten in einer Matrix, lassen sich folgende vier Felder für die Bestimmung der Kernkompetenzen ableiten.

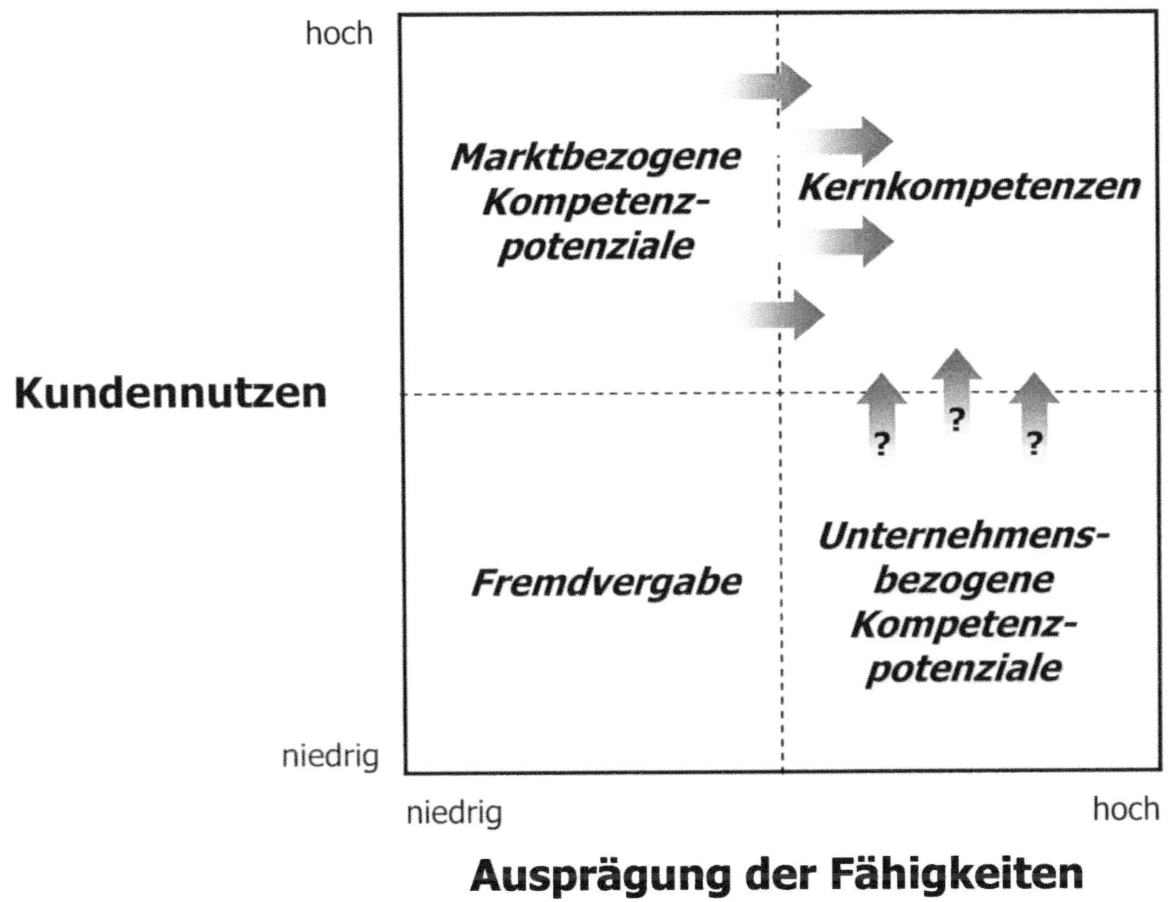

Die Gestaltungsoptionen zur Sicherung der Kernkompetenzen unterscheiden sich in Risiko und Rendite.

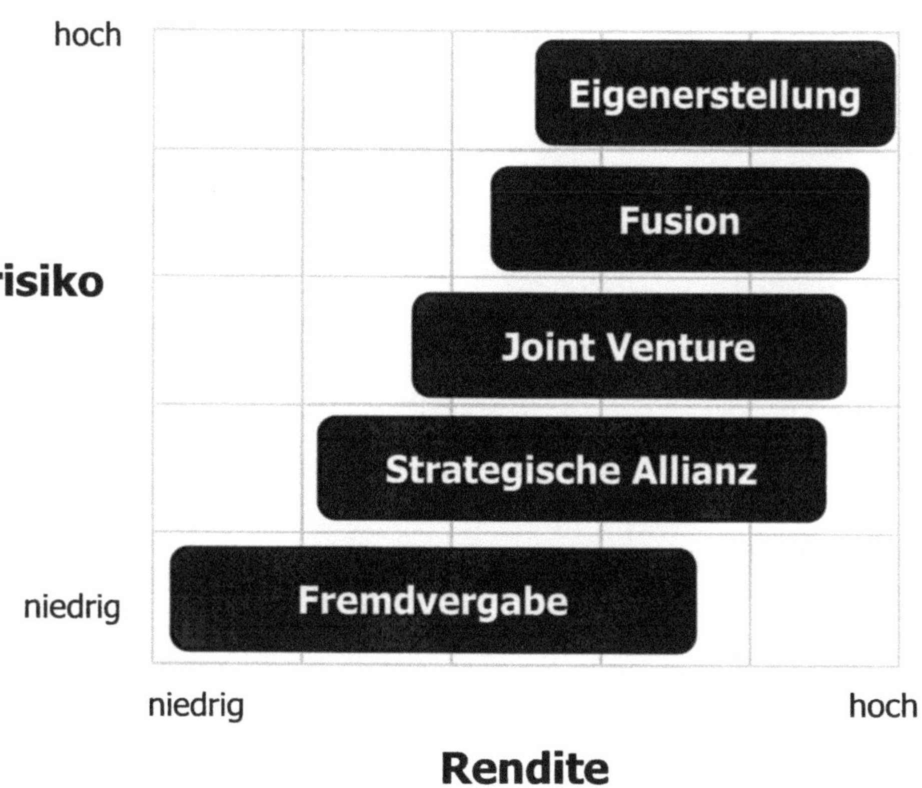

Quelle: Degenhardt, 1992.

Normstrategien anhand des Kernkompetenz-Markt-Portfolios.

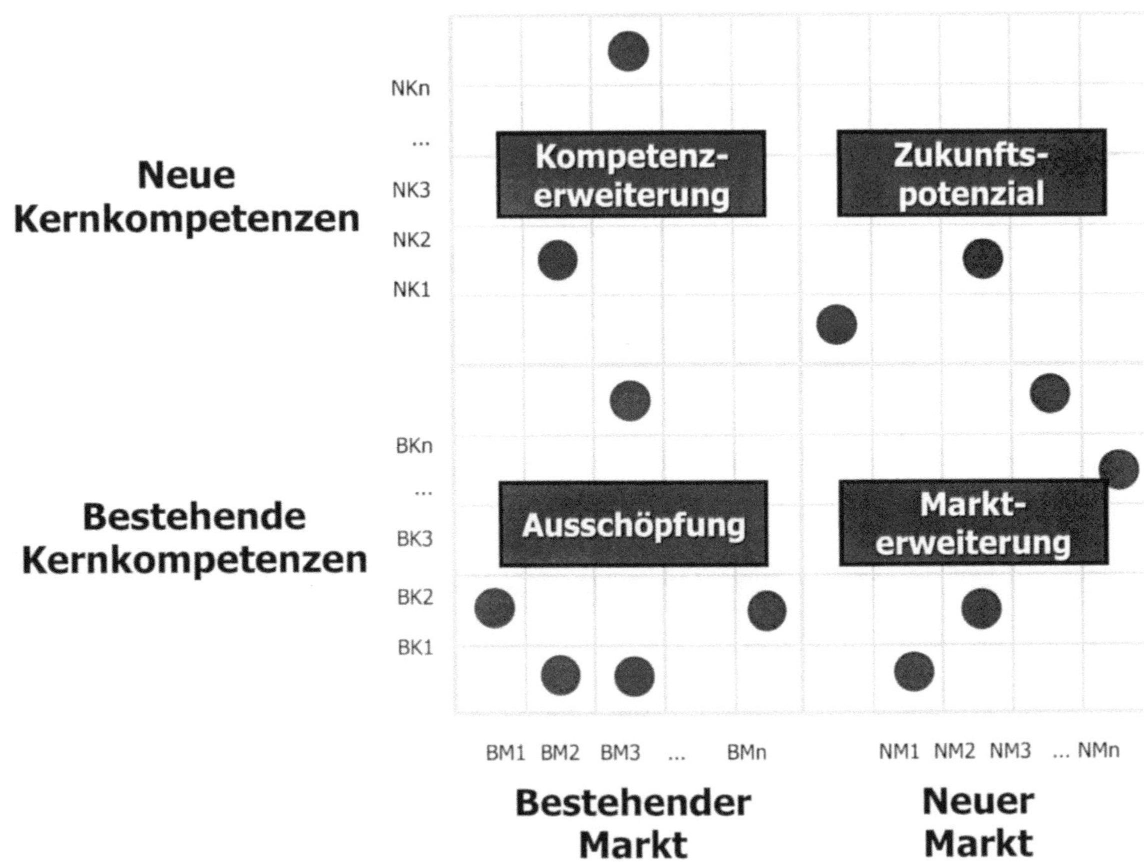

Quelle: in Anlehnung an Hamel & Prahalad, 1994.

Outsourcing als Bestimmung der selbst und fremd ausgeführten Aktivitäten der Wertschöpfungskette des Unternehmens.

- Grundprinzip einer jeden Aktivität des Wertschöpfungssystems eines Unternehmens

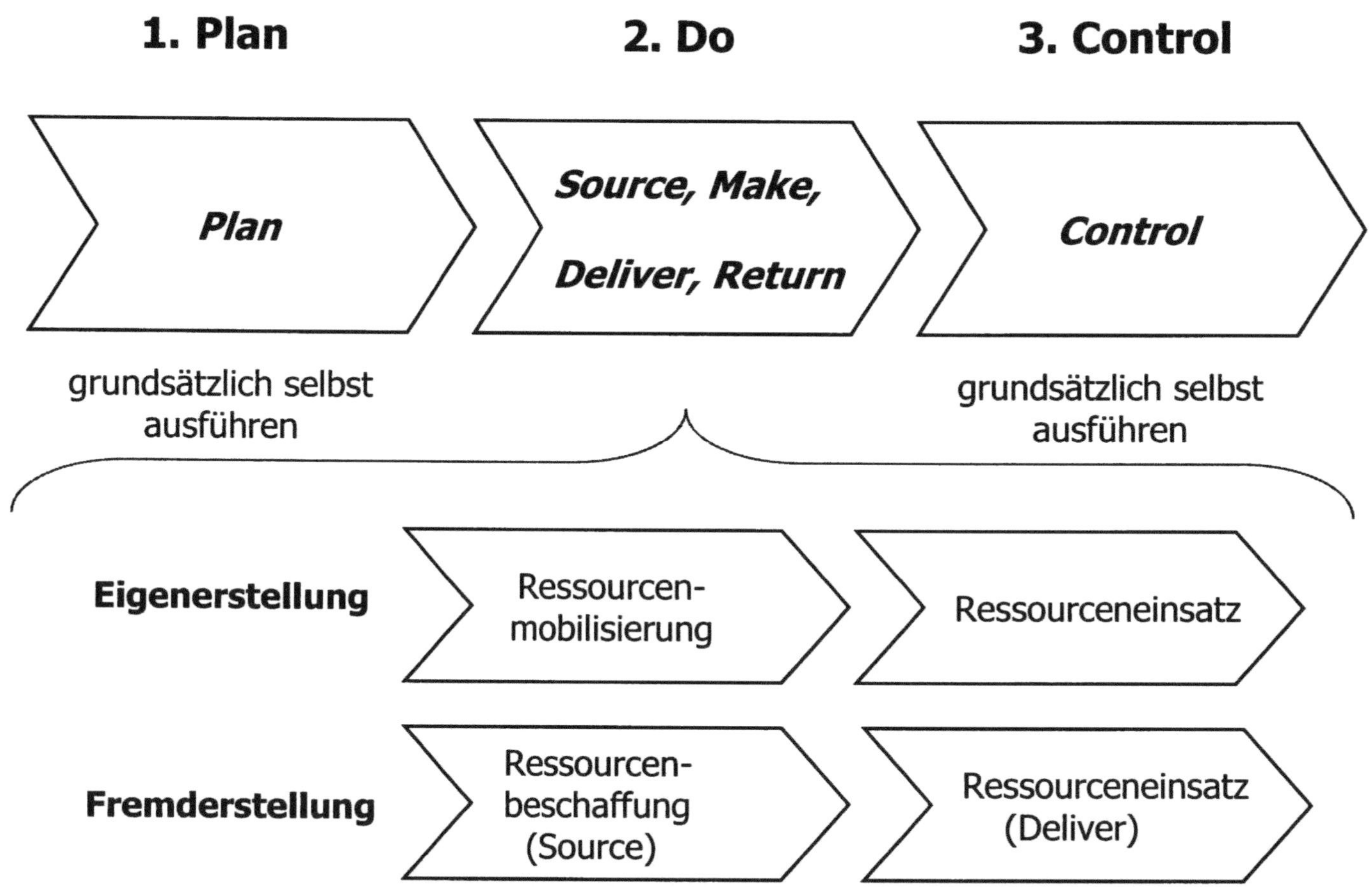

Inhaltsübersicht

Outsourcing – Begleiterscheinung der Transformation der Industrie- in die Informationsgesellschaft.

- Die Volkswirtschaften der entwickelten Industrienationen entwickeln sich von Industrie- zu Informationsgesellschaften.
- Neue Entwicklungen der Informations- und Kommunikationstechnologie ermöglichen eine neue Aufteilung von Aufgaben zwischen Unternehmen.
- Business Process Outsourcing von Aufgaben ist nicht nur Suche nach Kostensenkung, Flexibilität oder Qualitätsverbesserungen, sondern auch eine neue Art der Zusammenarbeit von Unternehmen (Netzwerkunternehmen).

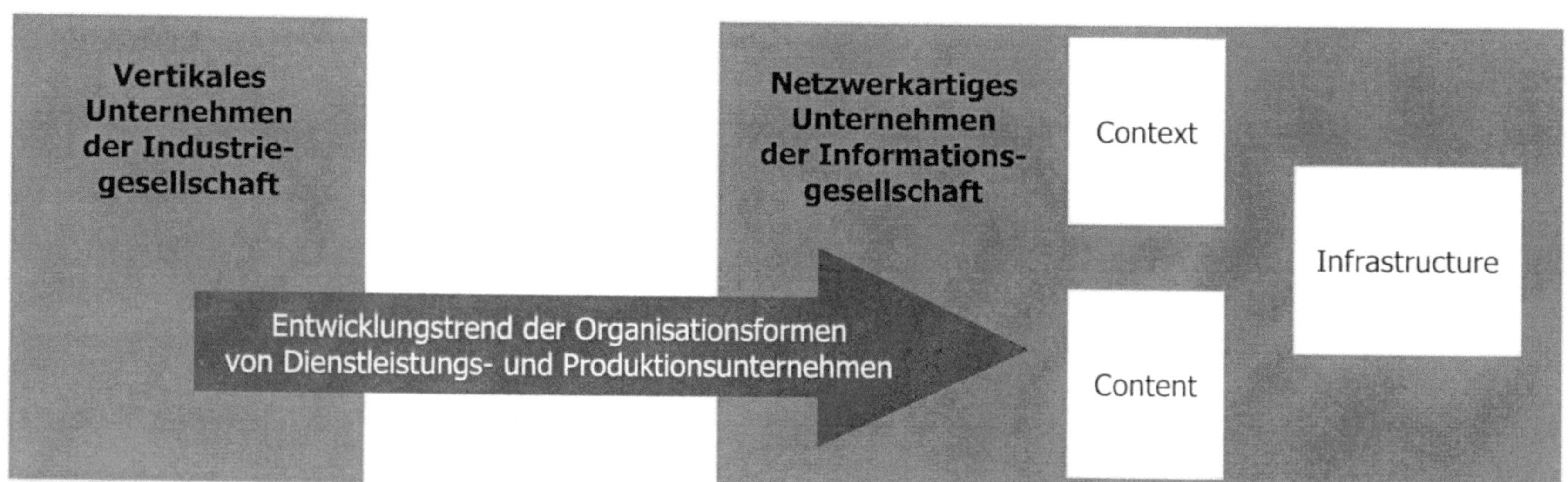

Quelle: Fleisch, 2001.

Outsourcing findet in vielen Industrien in grossem Ausmass statt: Automobil-, Bekleidungs- und Elektroindustrie sind die Vorreiter des kompletten Outsourcings.

Beispiele für Markenfirmen

Automobilindustrie	Bekleidungsindustrie I	Bekleidungsindustrie II	Elektroindustrie
Bei Ford dienen die eigenen Fabrikhallen nur noch zur Endmontage. Ford wendet innovative Finanzierungsmethoden an, die Zulieferer werden erst bei Fertigstellung des Autos bezahlt (Pay on Production).	Modehersteller wie Boss, Ralph Lauren, Steilmann etc., lassen in den Billiglohnländern der Dritten Welt oder in Osteuropa fertigen. Diese Firmen kümmern sich selbst nur noch um Design, Marketing und Vertrieb.	Sportschuherzeuger wie Adidas, Nike, Rebook etc. lassen ausschliesslich in der Dritten Welt fertigen. Sie konzentrieren sich auf Entwicklung, Stärkung der Marke (Branding) und Vertrieb.	Alcatel, Dell, Nokia, Philips etc. lagern ihre Produktion zu maximal ein bis zwei grossen Produktionsfirmen aus.

Einzelbeispiel: Outsourcing wird in der Automobilbranche häufig und zu verschiedenen Zwecken angewandt.

Ford

„Ford-Fabrik in Köln" - 12 Systemlieferanten, die ganze Module vor Ort produzieren und auf einer „ Pay on Production"-Basis bezahlt werden.

Investition des Kapitals in den Aufbau von Märkten, Entwicklung und Marketing.

Porsche

Teile der Boxster - Produktion in Finnland und Abrechnung über hergestellte Autos.

Vermeidung von Kapazitätsengpässen

BMW & DaimlerChrysler

Produktion des Geländewagens X3 (BMW) bei Steyr und des Sportwagens Crossfire (DC) bei Karmann.

Vermeidung von Investitionen in neue Produktionsanlagen

Quelle: Manager Magazin 2001.

Einzelbeispiel: Die Entwicklungs- und Fertigungstiefen in der Automobil-industrie sinken kontinuierlich.

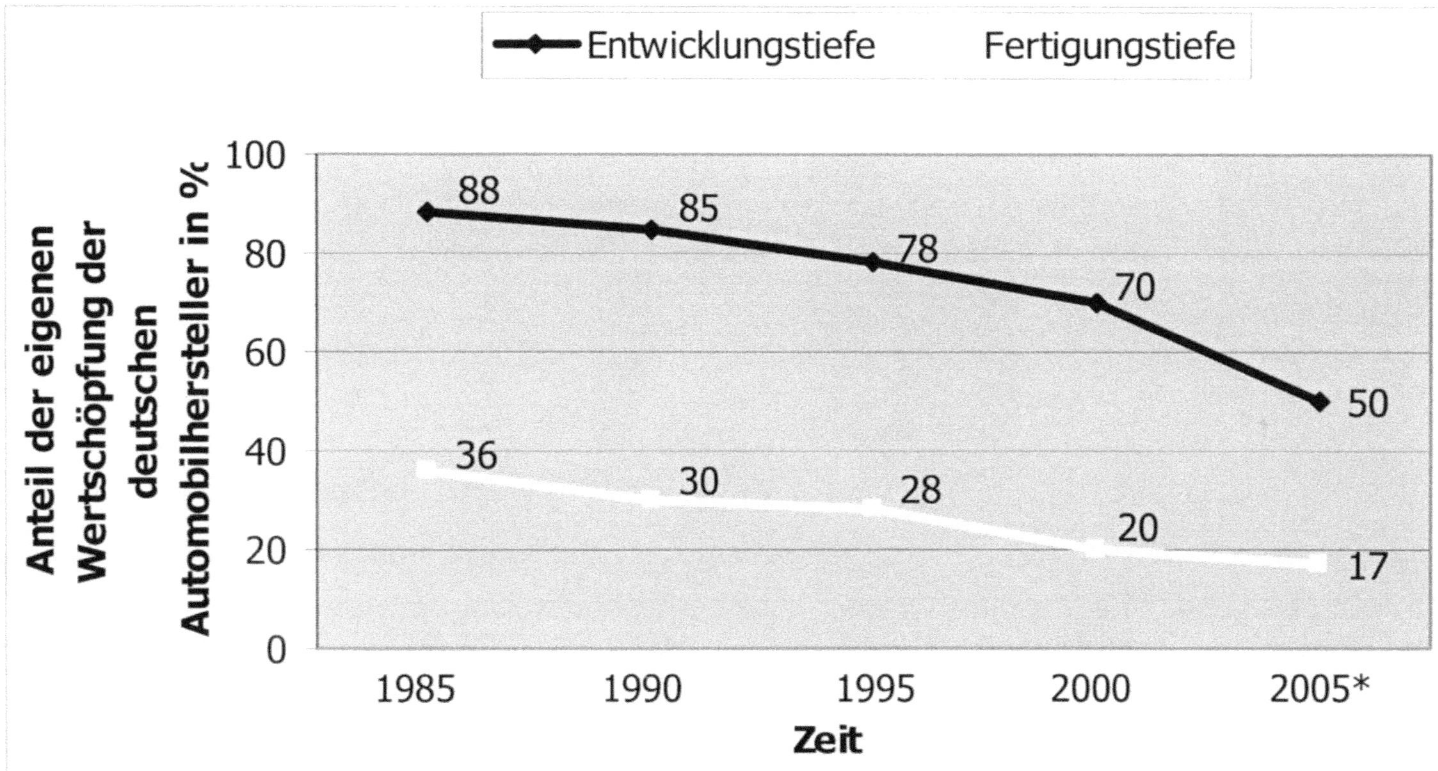

Quelle: Verband der Automobilindustrie
* = Geschätzte Werte

Reduzierung der Entwicklungs- und Fertigungstiefe während der letzten zehn Jahre.

Reduzierung der Entwicklungstiefe

- Konzentration auf Kernkompetenzen.
- Beschleunigung der Entwicklungszeiten.
- Nutzung externer, spezialisierter Entwicklungskapazität.
- Realisierung von Original Equipment Manufacturer-übergreifenden Skaleneffekten durch Gleichheit.

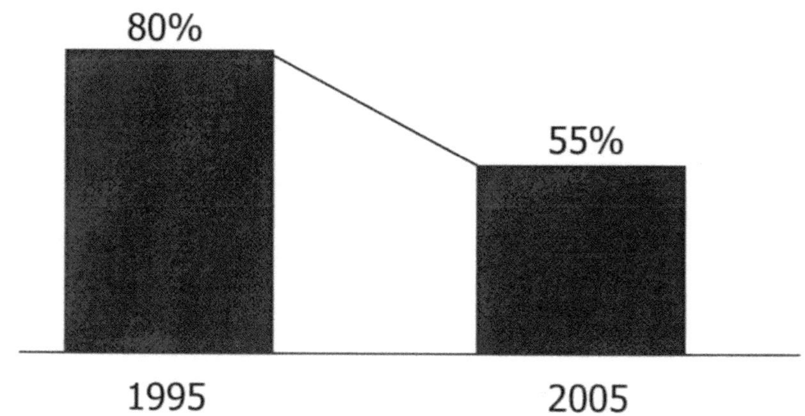

Reduzierung der Fertigungstiefe

- Nutzung von Tarifvorteilen in der Montage.
- Verkürzung der Fertigungszeit je Fahrzeug.
- Reduzierung der internen Komplexität.
- Senkung der Investitionen für neue Fertigungsanlagen.

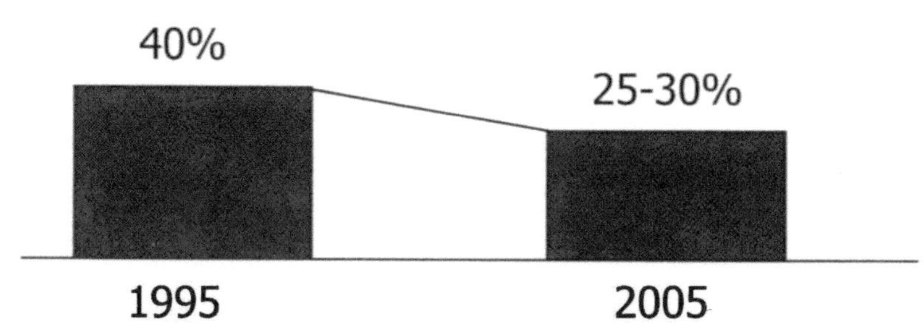

Quelle: Manager Magazin 2001.

Aufschwung für Systemintegratoren und Modullieferanten.

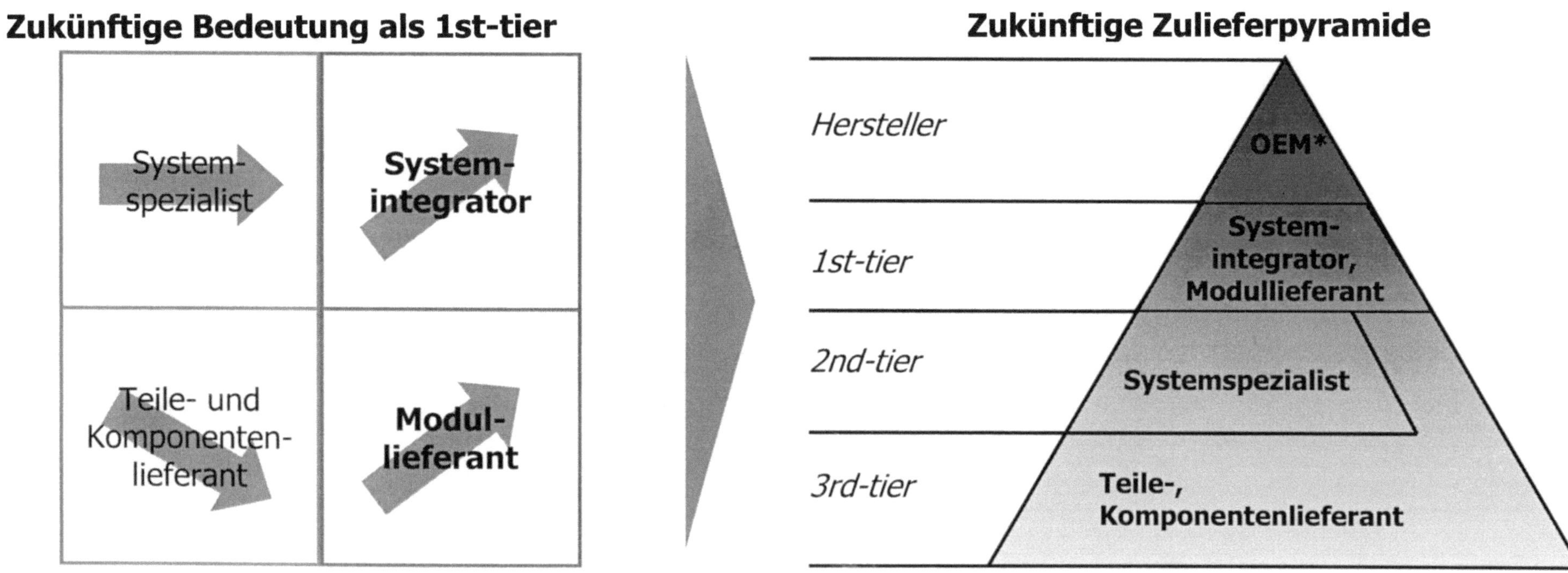

*Original Equipment Manufacturer

Einzelbeispiel: Sportartikelhersteller nehmen noch immer eine Vorreiterrolle beim Outsourcing ein.

Adidas

„Produktions-Know-how brauchen wir nicht!"
(Herbert Heiner - Chef Adidas)

Adidas und Puma besitzen keine eigenen Produktionsstätten mehr.

Nike

„Es liegt kein Wert mehr in der Herstellung von Dingen."
(Phil Knight - Gründer von Nike Inc.)

Nike hat ein strenges Überwachungssystem zur Kontrolle der Lieferanten.

Puma

Das Vertrauen zwischen Lieferanten und Abnehmern „...muss man sich über die Jahre hinweg erarbeiten."
(Martin Gänsler - Beschaffungsvorstand Puma)

Das Management von Outsourcing ist ein komplexer Prozess.

Quelle: Manager Magazin 2001.

Einzelbeispiel: Pharmaunternehmen müssen vermehrt auf Outsourcing setzen, um wettbewerbsfähig zu bleiben.

Aventis , BAYER, Eli Lilly , Merck KGaA

Forschungsaufträge werden an innovative Biotech-Firmen vergeben, um deren spezialisiertes Know-how zu nutzen.

Outsourcing ersetzt den Aufbau eigener spezialisierter Forschungsabteilungen.

Produktion gentechnischer Arzneimittel durch Spezialisten wie Boehringer Ingelheim.

Outsourcing ermöglicht einen schnellen Produktions- anlauf (time to market).

Quelle: Manager Magazin 2001.

Resultat: Outsourcing – eine Managemententscheidung.

„Outsourcing-Projekte sind komplexe Entscheidungssituationen, die durch multipersonale Prozesse und die Notwendigkeit der Zusammenführung und Gegenüberstellung heterodisziplinärer Daten charakterisiert sind."

Quelle: Garaventa & Tellefsen, 2001; Schimpf, 1996; Zahn et al.,1999.

Inhaltsübersicht

Chancen und Risiken des Outsourcing.

+ Chancen

- Kostenvorteile (Einsparungen von 10 – 20 % und mehr).
- Effizienzvorteile beim Outsourcinggeber und -nehmer.
- Erschliessung neuer Geschäftsfelder.
- Entlastung des Ressourcenmanagements (Lieferengpässe, Ausfälle).
- Qualität der Gesamtleistung wird besser.

- Risiken

- Abhängigkeit vom Outsourcingnehmer (Insolvenz, Übernahme, Neuausrichtung).
- Irreversibilität des Outsourcing.
- Know-how-Verlust (Wissen zweckentfremdet, Dritten zugänglich).
- Psychologische und soziale Risiken (Akzeptanz, Widerstände).
- Kein übereinstimmendes Grundverständnis über strategische Ziele.

Argumentebilanz zur Beurteilung von Outsourcing (für die Produktion).

Pro Outsourcing	Contra Outsourcing
Gute EDV-Anbindung der Lieferanten durch SCM-Systeme möglich.	Know-how-Verlust.
Kostensenkung bei Disposition, Verwaltung und Lagerung.	Abhängigkeit von Lieferanten.
Reduzierung des Bestandsrisikos und der Bestandshöhe.	
Reduzierung der Lieferzeiten.	Rationalisierung nur gemeinsam mit Geschäftspartner möglich.
Senkung der Teilezahl.	
Grössere Stückzahlen, Anreiz für Standardisierung.	
Bessere Kapazitätsauslastung.	Spezielle Fertigung lässt keine Verlagerung zu.
Höherer Mehrfachverwendungsgrad.	
Anreiz zur Technologiestandardisierung (grosse Stückzahlen).	
Anreiz zur Produktstandardisierung (grosse Stückzahlen).	Örtliche Trennung von Entwicklung und Fertigung.
Geringe Investitionskosten.	

Quelle: in Anlehnung an Wildemann, 2001.

Inhaltsübersicht

Inhaltsübersicht

Es existieren drei grundlegende Ansätze zur Bestimmung der Wertschöpfungs-tiefe resp. möglicher Outsourcing-Potenziale.

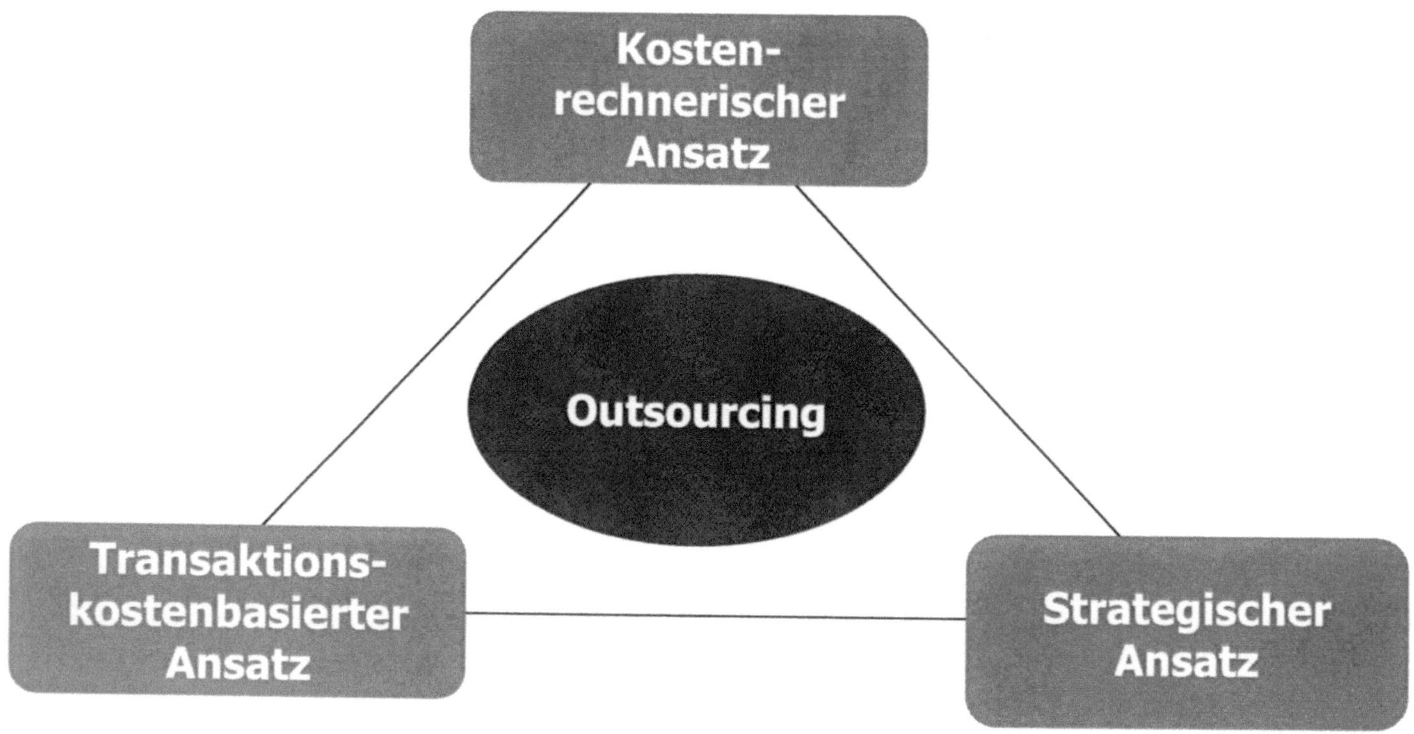

Der kostenrechnerische Ansatz ist am besten quantifizierbar, vernachlässigt aber qualitative Einflussfaktoren.

- Kostenrechnerische Verfahren reduzieren die Outsourcing-Entscheidung auf die Kostenebene der Unternehmensaktivität.
- Sie vergleichen die Vollkosten eines Outsourcings mit den vom Zeithorizont und der Auslastungssituation abhängigen Kosten einer Eigenproduktion.
- Vorteile:
  - Relativ gute Quantifizierbarkeit der Daten.
  - Vergleichsgrössen sind nicht nur relativ vergleichbar.
- Probleme:
  - Ungenügende Quantifizierbarkeit wichtiger Einflussfaktoren.
  - Schwierige Bestimmung der relevanten Kosten.
  - Überbetonung kurzfristiger Einflussfaktoren.

Bei Kostenvergleichen müssen zahlreiche Einflussfaktoren untersucht werden (1).

- **Kosten des Fremdbezugs**
  - Einkaufspreis
  - Anbahnungskosten (Einkaufsmarketing, Marktanalysen, Unternehmensanalysen etc.)
  - Vereinbarungskosten (Verhandlungs- und Reisekosten, Vertragskosten etc.)
  - Abwicklungskosten (Logistik etc.)
  - Kontrollkosten (Eingangskontrolle, Qualitätssicherung, Rechnungskontrolle etc.)
  - Anpassungskosten (Modifikationen von Standards, Nachbesserungen)
  - Entsorgungskosten (Verpackungsmaterial etc.)

Bei Kostenvergleichen müssen zahlreiche Einflussfaktoren untersucht werden (2).

- **Kosten der Eigenherstellung**
  - Herstellkosten (F&E, Produktion, Marketing, aber bspw. auch Personalentwicklungskosten für benötigte Spezialisten etc.)
  - Prozesskosten
  - Verwaltungskosten
  - Fixkosten (Kapitalkosten etc.)
- **Kosten des Leistungspotenzials**
  - Vorhaltekosten
  - Vorleistungskosten
  - Dispositionskosten
- **Änderungskosten**
  - Projektkosten (intern)
  - Projektkosten (Berater)
  - Kosten der Strukturveränderung (Sozialplan, Stilllegungskosten etc.)

Beispiel: Kriterien zur Ermittlung von Preisobergrenzen (POG) bei unterschiedlicher Beschäftigung und Kapazitätsflexibilität.

Beschäftigungssituation

Kapazitätsveränderungs-möglichkeiten	**Unterbeschäftigung**	**Vollbeschäftigung**
Unveränderliche Kapazitäten	*Entscheidungssituation I:* POG = var. Herstellkosten	*Entscheidungssituation III:* POG = var. Herstellkosten + Opportunitätskosten
Veränderliche Kapazitäten	*Entscheidungssituation II:* POG = var. Herstellkosten + abbaufähige Fixkosten	*Entscheidungssituation IV:* POG = var. Herstellkosten + abbaufähige Fixkosten + Opportunitätskosten

Zu beachten: Nicht dabei sind bspw. die Kosten für eine konkurrenzfähige F&E- oder Personalentwicklungspolitik sowie die Koordinationskosten.

Nur eine Gesamtkostenanalyse kann die notwendige Transparenz für eine kostenbasierte Outsourcing-Entscheidung liefern.

- Wichtigstes Instrument einer Gesamtkostenanalyse ist die Total Cost of Ownership-Analyse.

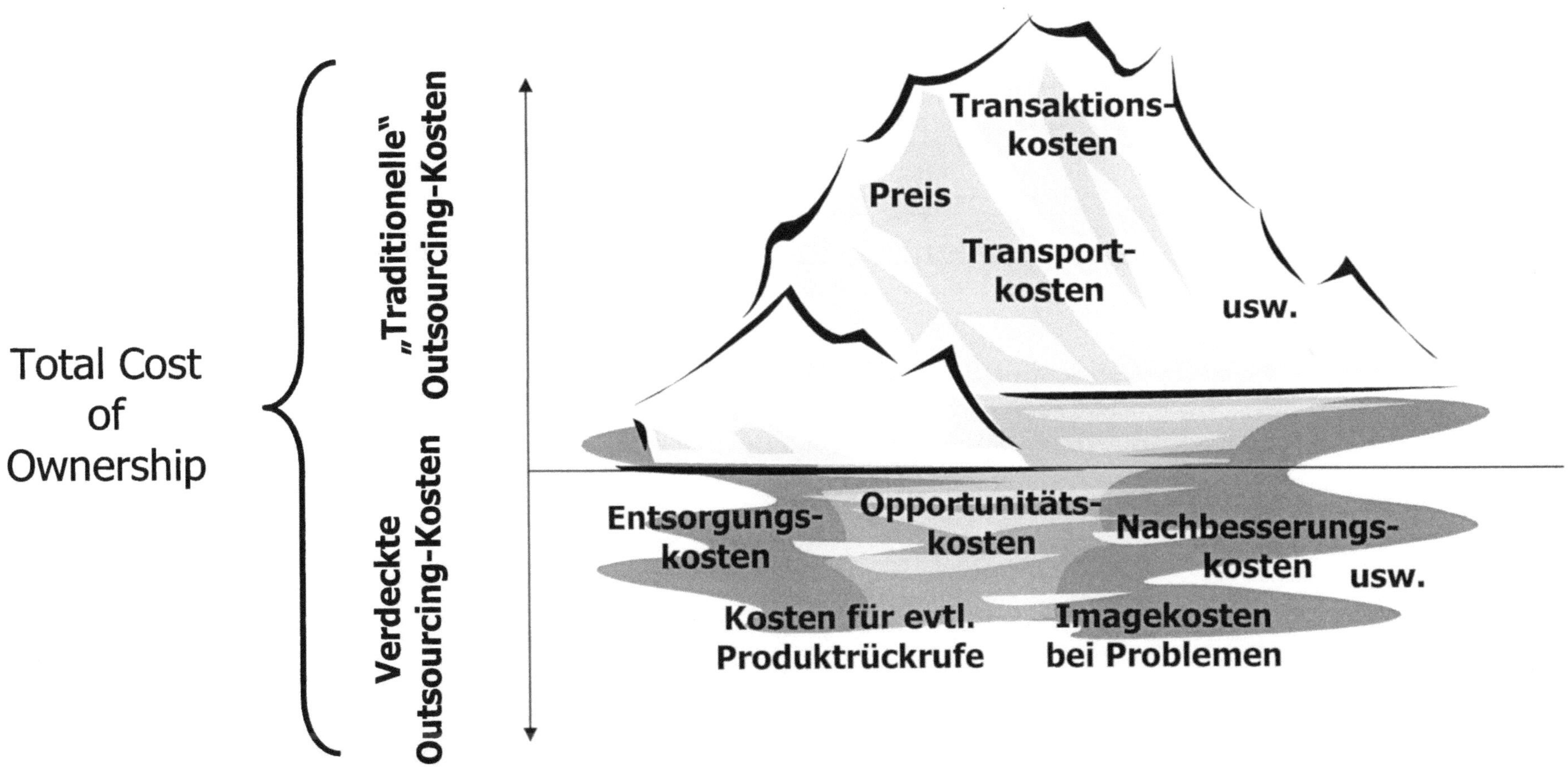

Stilllegungskosten müssen ebenfalls in die Outsourcing-Entscheidung miteinbezogen werden.

- Stilllegungskosten mindern die Ersparnis durch den Fremdbezug von Unternehmensleistungen.
- Der Stilllegungskostensatz beeinflusst nicht nur die Herstellkosten, sondern die jeweiligen Selbstkosten der Eigenfertigung.
- Aufgrund des Stückkosten-Degressionseffektes nimmt der Einfluss der Stilllegungskosten auf die Outsourcing-Entscheidung mit zunehmendem Betrachtungsraum ab.
- Die Proportionalisierung der Stilllegungskosten erfolgt auf Basis der geplanten Stilllegungskosten dividiert durch die jeweilige Plan-Outputmenge.

Der transaktionskostenbasierte Ansatz konzentriert sich zu sehr auf die einzelne Outsourcing-Entscheidung.

- Beim Transaktionskostenansatz sind nicht die eigentlichen Produktionskosten relevant, sondern vielmehr diejenigen Kosten, welche bei der Koordination arbeitsteiliger Prozesse entstehen.
- Die Haupteinflussgrössen der Transaktionskosten sind die Spezifität und Komplexität der Aktivität, die Unsicherheit der weiteren Entwicklungen, die Transaktionshäufigkeit und die Anzahl der möglichen Transaktionspartner.
- Vorteile
  - Systematisches Vorgehen möglich.
  - Neue Perspektive beim Kostenvergleich.
- Nachteile
  - Nur relativer Vergleich der schwer quantifizierbaren Kosten möglich.
  - Vernachlässigung der strategischen Relevanz der auszulagernden Aktivität.
  - Grundannahme des opportunistischen Verhaltens in der Praxis nur geringe Bedeutung.

Strategische Ansätze basieren meist auf einer Konzentration auf die Kernkompetenzen.

- Der Kernkompetenz-Gedanke geht von der Annahme aus, dass sich ein Unternehmen auf seine Kernkompetenzen konzentrieren soll und folglich alle anderen Aktivitäten ausgelagert werden können.
- Vorteile
  - Berücksichtigung markt- resp. kundenbezogener Aspekte sowie der Auswirkungen auf andere Unternehmensteile.
  - Grundlage für den sinnvollen Einsatz des kostenrechnerischen und des transaktionskostenbasierten Ansatzes.
- Nachteile
  - Teilweise fehlende Systematik bei der Entscheidungsfindung.
  - Starke Orientierung an subjektiven Einschätzungen.
  - Schwierige Identifikation von Kernkompetenzen und wirkungsvollen Outsourcingfeldern.

Erfolgreiches Outsourcing bedarf einer systematischen Vorgehensweise und einer sinnvollen Integration aller drei Ansätze.

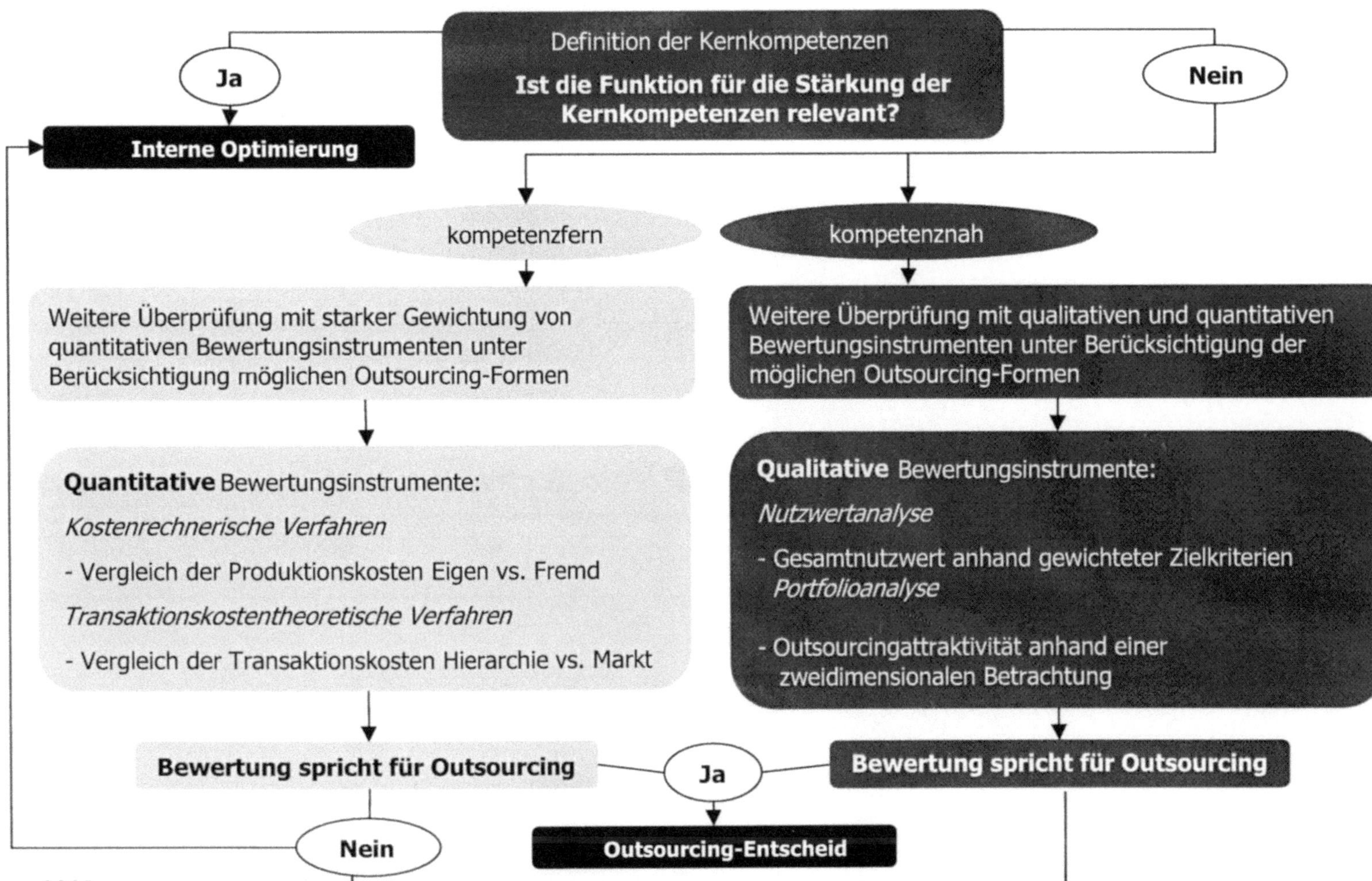

Quelle: Moser, 2002.

Unternehmensaktivitäten können kompetenzfern oder kompetenznah sein.

Struktur-merkmale	Unternehmens-spezifisch	Risiko der Abhängigkeit	Risiko des Know-how Verlustes	Relevanz für Kernkompetenz-Strategie
Kompetenz-NAHE Funktionen	Tendenziell Ja	Hoch	Hoch	Gross
Kompetenz-FERNE Funktionen	Tendenziell Nein	Niedrig	Niedrig	Klein

Quelle: Moser, 2002.

Unternehmensaktivitäten lassen sich hervorragend anhand des Kundennutzens und der relativen Kompetenzstärke analysieren.

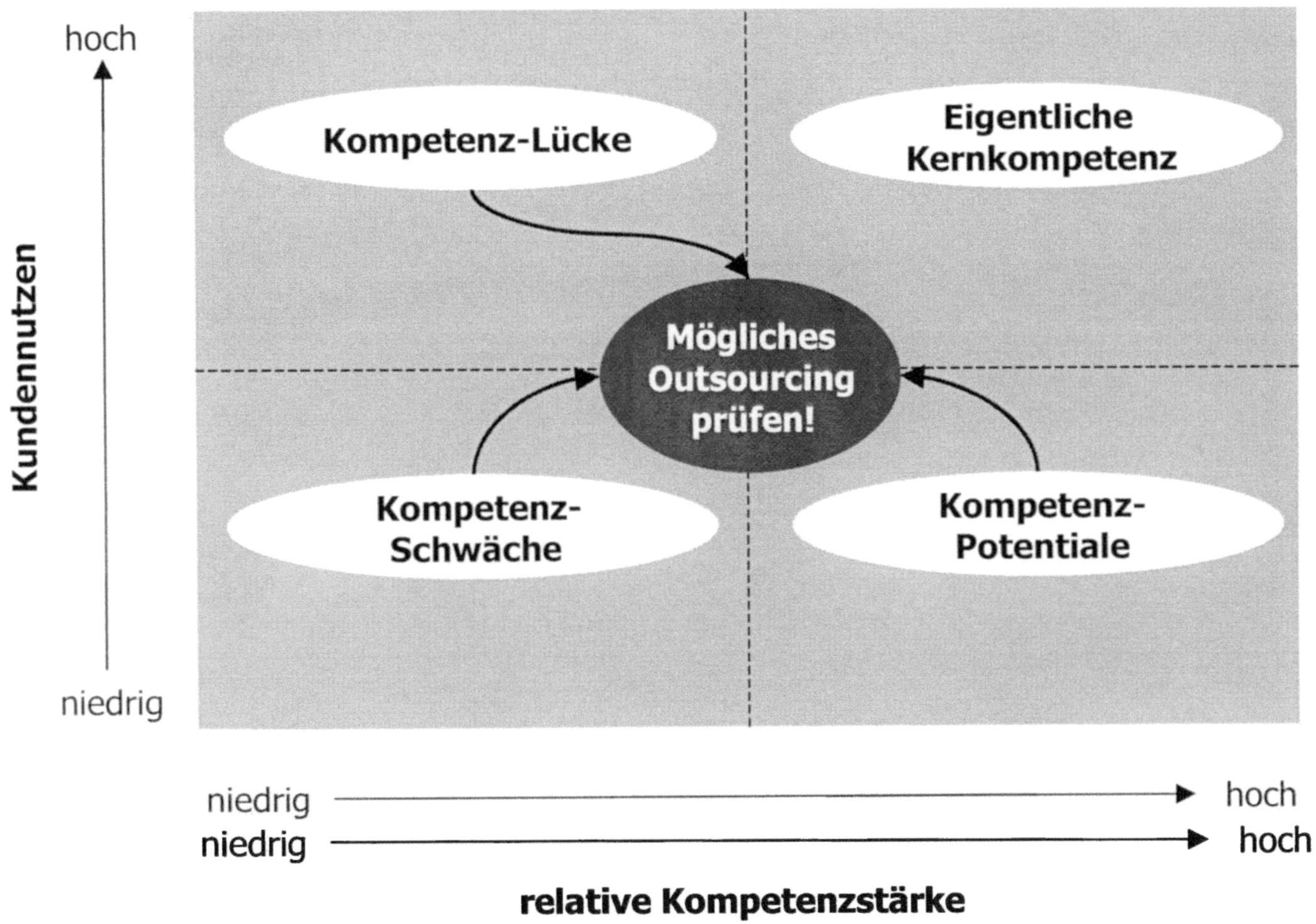

Quelle: Moser, 2002.

Die optimale Outsourcingform wird durch den Kundennutzen der Aktivität und die relative Kompetenzstärke des Unternehmens bestimmt.

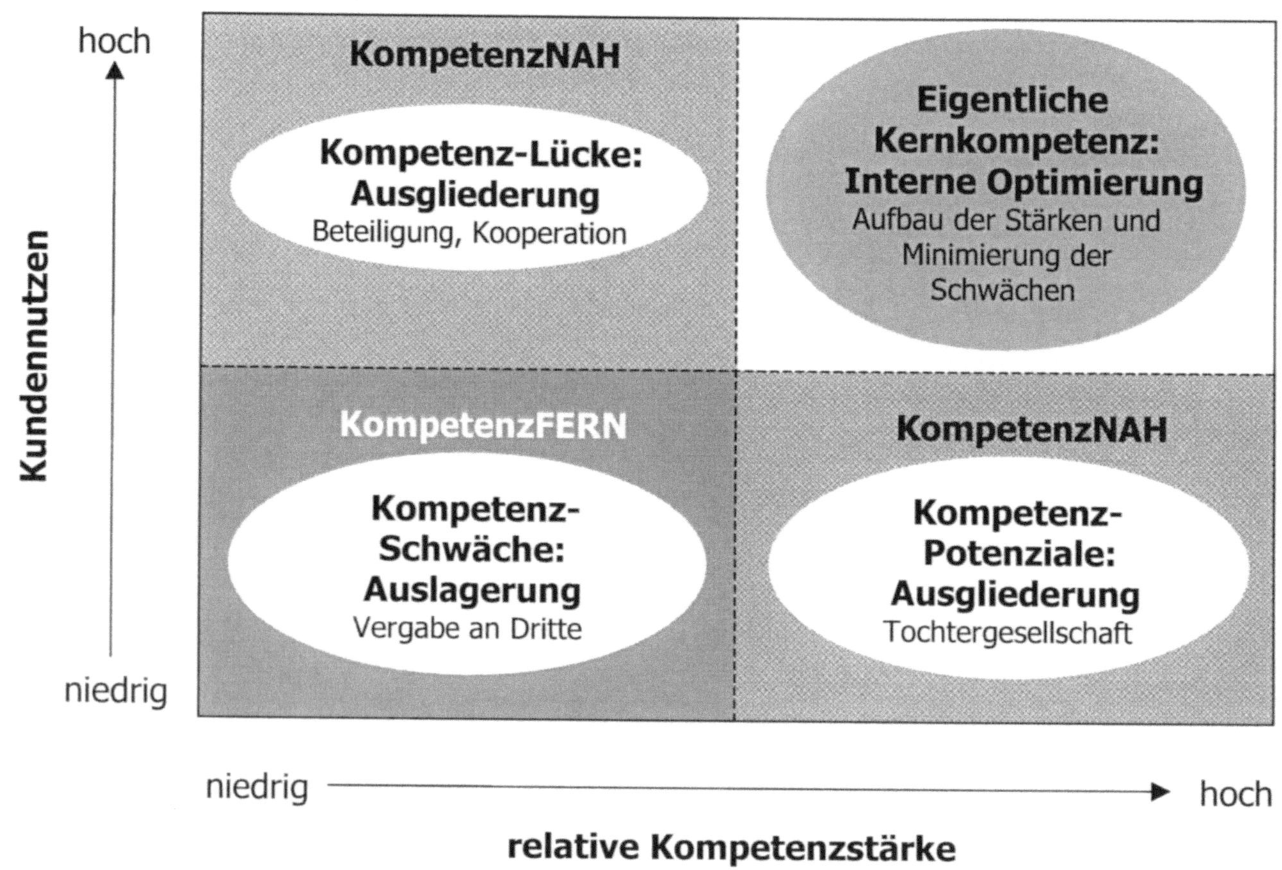

Quelle: Moser, 2002.

Bei Kompetenz-Lücken bietet eine Ausgliederung in Form einer Kooperation oder Beteiligung die grössten Optimierungspotenziale.

- Eine Ausgliederung in Form einer Kooperation oder Beteiligung ermöglicht es dem Unternehmen, seine relative Kompetenzstärke zu verbessern und gleichzeitig die notwendige Kontrolle über die Aktivität zu behalten.
- Auf diese Weise kann das Unternehmen seine Wettbewerbsfähigkeit verbessern, ohne dass es eine für den Kundennutzen relevante Aktivität komplett an einen Drittanbieter abgibt.
- Das Risiko eines Abflusses von wichtigem Know-how und einer gefährlichen Abhängigkeit vom Lieferanten kann so minimiert werden.

Quelle: Moser, 2002.

Bei Kompetenz-Potenzialen bietet eine Ausgliederung in Form einer Tochtergesellschaft die grössten Optimierungspotenziale.

- Eine Ausgliederung in Form einer Tochtergesellschaft ermöglicht es dem Unternehmen, seine Kompetenz-Stärke durch den erweiterten Zugang zu externen Märkten auszunutzen.
- Gleichzeitig ermöglicht die Ausgliederung in Form einer Tochtergesellschaft die Erweiterung der Kundenbasis durch Orientierung auf unternehmensexterne Märkte, was zu einer Verbesserung der Kundenrelevanz führt.
- Eigenverantwortung durch wirtschaftliche Unabhängigkeit und die Möglichkeit eines Leistungsausbaus für externe Kunden können somit sowohl die Leistungsfähigkeit als auch die Kundenrelevanz optimieren.

Quelle: Moser, 2002.

Bei den eigentlichen Kernkompetenzen des Unternehmens kann nur eine interne Optimierung vorgenommen werden.

- **Kernkompetenzen**
  - erhöhen den wahrgenommen Kundennutzen.
  - bieten potenziellen Zugang zu einer Vielzahl von Märkten.
  - sind nur schwierig zu imitieren durch Konkurrenten.
- Durch ihre Relevanz dürfen die Kernkompetenzen nicht mittels Outsourcing gefährdet werden.
- Verbesserungspotenziale lassen sich nur durch interne Optimierungsprogramme erschließen.

Quelle: Hamel & Prahalad, 1990.

Kernkompetenzen sind auf jeden Fall durch eine strategische Barriere zu schützen.

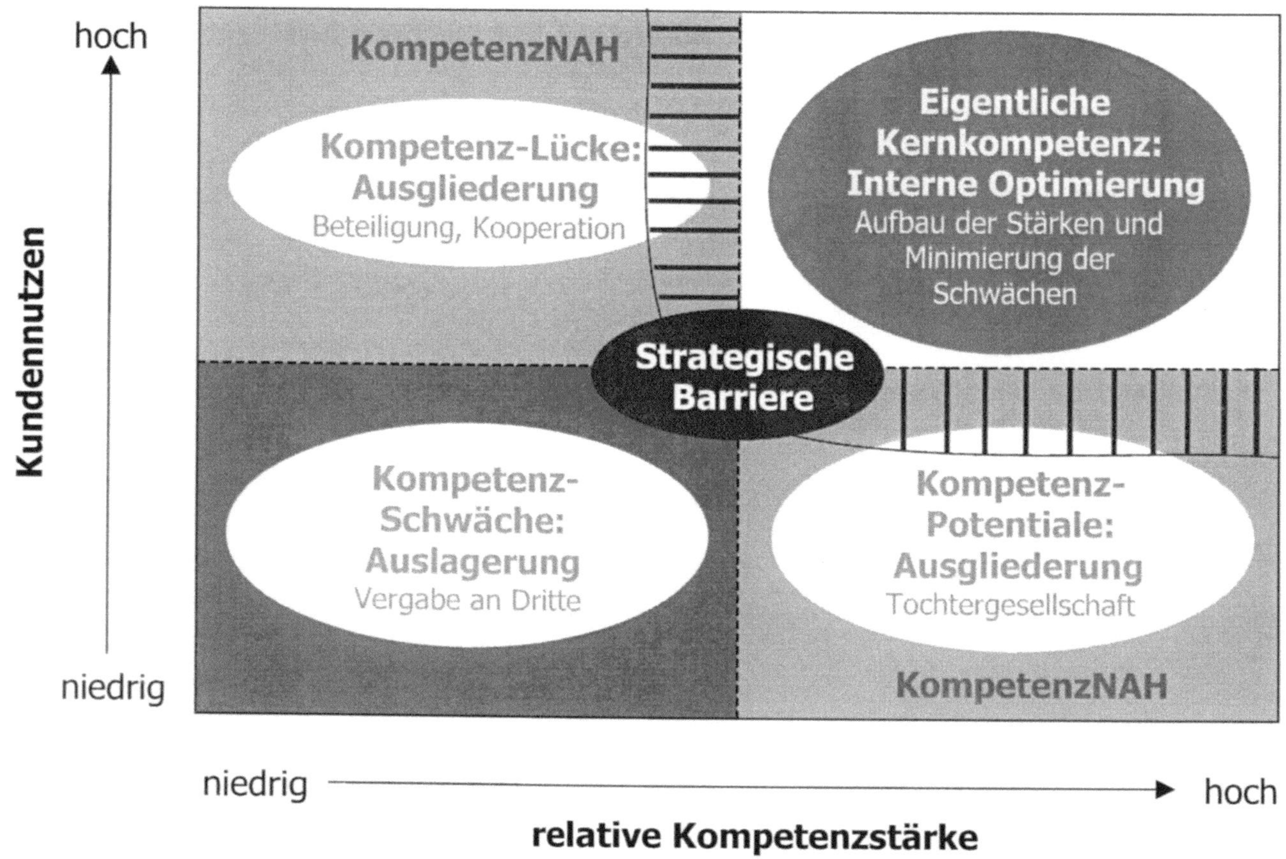

Quelle: Moser, 2002.

Bei Kompetenz-Schwächen bietet eine möglichst vollständige Auslagerung das grösste Optimierungspotenzial.

- Aktivitäten, bei denen das Unternehmen weder über eine schützenswerte relative Kompetenzstärke verfügt noch als kundenrelevant betrachtet werden, können möglichst komplett an eine Drittfirma ausgelagert werden.
- Auf diese Weise kann interne Komplexität reduziert und eine optimale Kosteneinsparung realisiert werden.

Quelle: Moser, 2002.

Hinweise für das Vorgehen bei Outsourcing-Entscheidungen (1).

- **Ermittlung der Kernkompetenzen des Unternehmens**
- **Auslagerungsbarrieren ermitteln**
  - Kompetenznahe Unternehmensaktivitäten, welche bei Ausgliederung eine zu grosse Gefahr für eine Adaption der Kernkompetenzen des Unternehmens darstellen, sollten trotz möglichen Vorteilen intern ausgeführt werden.
- **Ermittlung der relevanten Einflussfaktoren für potenziell zu outsourcende Aktivitäten**
  - KompetenzNAHE Aktivitäten
    - Fokus auf die Durchführung der notwendigen strategischen Analysen (z.B. Nutzwertanalysen).
    - Ermittlung der relevanten Kosten.
  - KompetenzFERNE Aktivitäten
    - Fokus auf die Durchführung von genauen Kostenanalysen mit Berücksichtigung von Beschäftigungslage und Kapazitätsflexibilität.
    - Auswirkungen auf andere Unternehmensteile untersuchen.

Hinweise für das Vorgehen bei Outsourcing-Entscheidungen (2).

- **Outsourcing-Entscheidung aufgrund der ermittelten Daten**
- **Definitive Auswahl des Outsourcing-Partners**
  - Oftmals muss der Outsourcing-Partner schon vorher festgelegt werden, da nur so konkrete Kosten- und Prozessvergleiche angestellt werden können.
- **Vertragsausarbeitung**
- **Implementierung der Outsourcing-Entscheidung**
  - Durchsetzung der Outsourcing-Strategie.
  - Umsetzung der Outsourcing-Strategie.

Inhaltsübersicht

Top 10 Faktoren bei der Entscheidung für einen Outsourcing-Nehmer.

- 1. Commitment to quality
- 2. Price
- 3. References/reputation
- 4. Flexible contract terms
- 5. Scope of resources
- 6. Additional value-added capability
- 7. Cultural match
- 8. Existing relationship
- 9. Location
- 10. General customer care

Quelle: The Outsourcing Institute Membership, 1998.

Um Outsourcing-Projekte erfolgreich zu realisieren, ist eine ganzheitliche Implementierungsstrategie notwendig.

- Ganzheitliche Strategieimplementierung ist einerseits Umsetzung, andererseits Durchsetzung von Massnahmen.
- Die Umsetzung eines Outsourcing-Projektes umfasst Aufgaben wie Vertragsmanagement, organisatorische Anpassungen und Lieferantenauswahl.
- Die Durchsetzung einer Strategie umfasst hauptsächlich die Überwindung von Implementierungsbarrieren innerhalb des auslagernden Unternehmens.

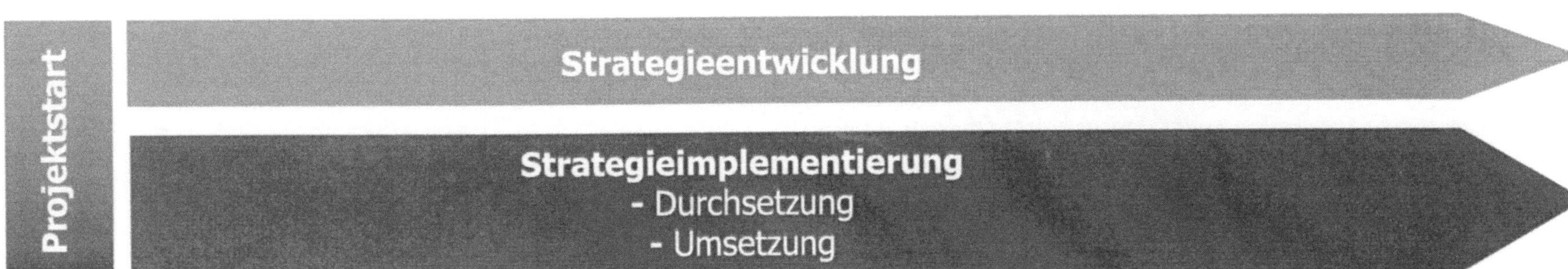

Quelle: Moser, 2002.

Relevante Punkte bei der Überwindung von Implementierungsbarrieren.

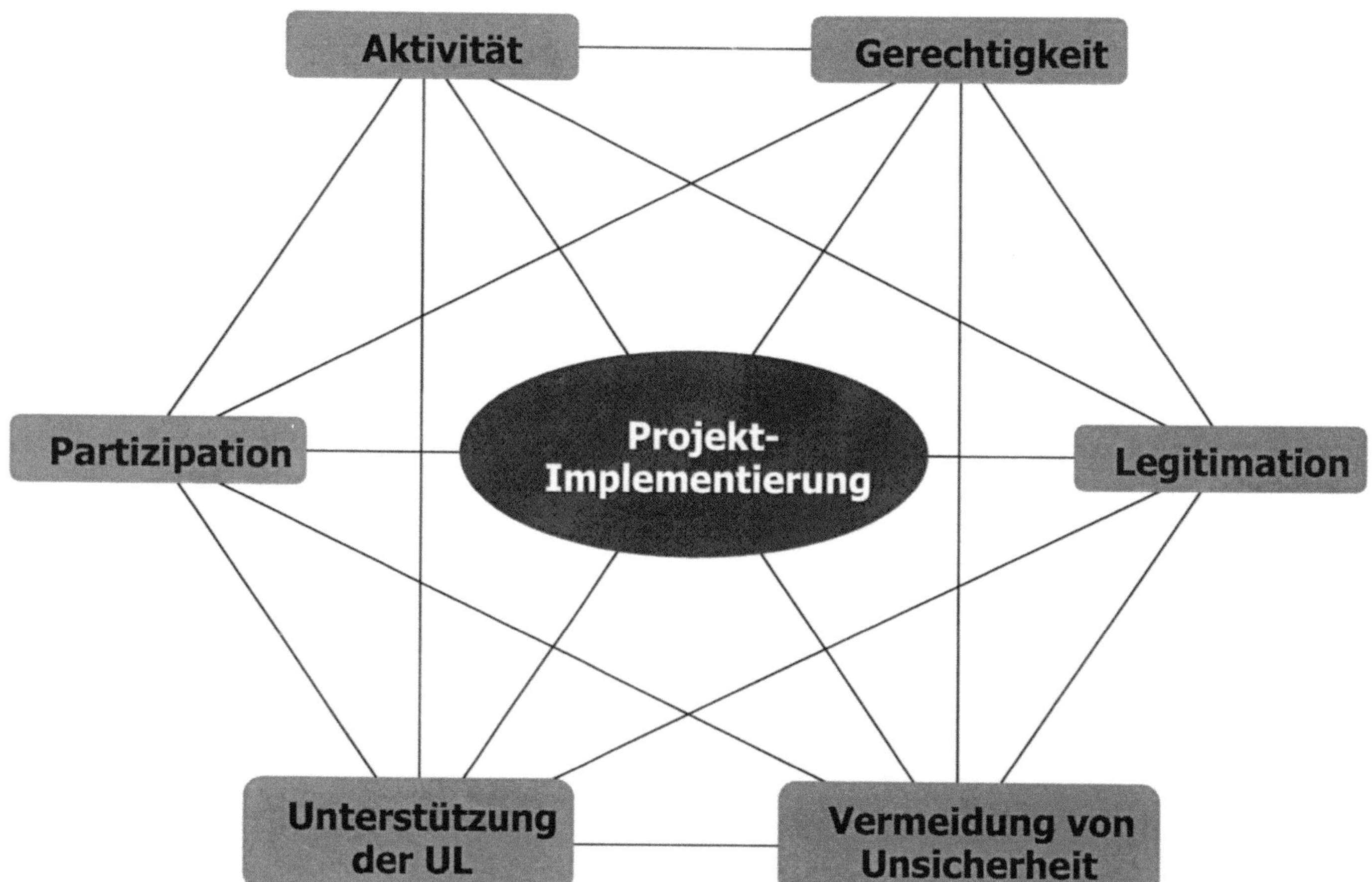

Quelle: Moser, 2002.

Beachtung der Prozessgerechtigkeit.

- Eine Partizipation der betroffenen Mitarbeiter und Führungskräfte ist nur sinnvoll, wenn das Beteiligungsverfahren als gerecht empfunden wird.
- Der Eindruck, dass die Mitarbeiter von Führungskräften für Fehler der Unternehmensleitung büssen müssen, ohne dass auch in der Leitungsebene Konsequenzen gezogen werden, wirkt sich negativ auf die Akzeptanz der Outsourcing-Strategie aus.
- Bei Outsourcing-Projekten ist der Aspekt der Personalfreistellungen besonders zu beachten. Der Arbeitsplatzabbau sollte so transparent und nachvollziehbar wie möglich gestaltet werden.
- Der Fokus sollte wiederum auf der für das Outsourcing-Projekt erfolgskritischen Mitarbeitergruppe beruhen.

Quelle: Moser, 2002.

Legitimation des Outsourcing-Projektes.

- Zur Akzeptanz der Outsourcing-Strategie durch die betroffenen Mitarbeiter und Führungskräfte ist ein Verständnis für das Motiv der Änderung notwendig.
- Die Erklärung des Motivs sollte sowohl eine zukunftsgerichtete Perspektive als auch einen gewissen Leidensdruck vermitteln.
  - Nur bei Verständnis für den Sinn und die Notwendigkeit des Outsourcing-Projektes werden die betroffenen Mitarbeiter und Führungskräfte zur aktiven Unterstützung bereit sein.

Quelle: Moser, 2002.

Vermeidung von Unsicherheit für die betroffenen Mitarbeiter.

- Besonders relevant sind die Mitarbeiter mit Schlüsselpositionen für den Outsourcing-Projekterfolg.
  - Zukünftige Schnittstellenmanager zum Lieferantenunternehmen.
  - Mitarbeiter mit wichtigem Prozess-Know-how.
- Durch frühzeitige Information und Aufklärung über die Zukunftsperspektiven sollen die Mitarbeiter von einer vorschnellen Suche nach neuen Aufgaben abgebracht und den Mitarbeitern das Gefühl gegeben werden, auf die neuen Aufgaben vorbereitet zu sein.
- Mit einer möglichst frühen und gezielten Weiterbildung gilt es, die Mitarbeiter auf die neuen Aufgaben vorzubereiten.
  - Schulungsprogramme über Verhandlungstechniken, technische Aspekte etc.
  - Coachingprogramme durch erfahrene Outsourcing-Manager oder externe Berater.

Quelle: Moser, 2002.

Sicherstellung der Unterstützung der Unternehmensleitung.

- Für die Outsourcing-Projektleitung ist es meist schwierig, die Aufmerksamkeit und den Einsatz der Unternehmensleitung langfristig zu aktivieren. Die zwei wichtigsten Gründe sind:
  - Nur ein Projekt unter vielen Projekten der Unternehmensleitung.
  - Auszulagernde Funktion hat oftmals nur geringe Relevanz für die Unternehmensleitung.
- Die Kommunikation der Unterstützung der Unternehmensleitung für das Outsourcing-Projekt ist einer der wichtigsten Projektmotoren, um die Dynamik des Projektes zu erhalten.

Quelle: Moser, 2002.

Konsequenz: Erfolgreiche Implementierung ist vor allem Kommunikation (1).

- Erfolgreiche Projektkommunikation umfasst vier für die betroffenen Führungskräfte und Mitarbeiter relevante Informationsinhalte.
- Inhalt I: **Wandelthema**
  - Erklärt, welche Abläufe und Fähigkeiten sowie welche Strukturen und Mitarbeiter vom Outsourcing-Projekt betroffen sind.
- Inhalt II: **Wandelfokus**
  - Zeigt auf, was sich durch das Outsourcing-Projekt ändern soll und stellt die Angemessenheit und Sinnhaftigkeit der einzelnen Projektschritte sicher.
- Inhalt III: **Wandelmotiv**
  - Dient als Legitimationsbasis und erklärt, weshalb sich etwas ändern muss.
- Inhalt IV: **Wandelkonzept**
  - Beinhaltet die prozessuale, soziale und zeitliche Dimension des Outsourcing-Projektes und formt das Wandelmotiv und den Wandelfokus in konkrete Handlungen um.

Quelle: Moser, 2002.

Konsequenz: Erfolgreiche Implementierung ist vor allem Kommunikation (2).

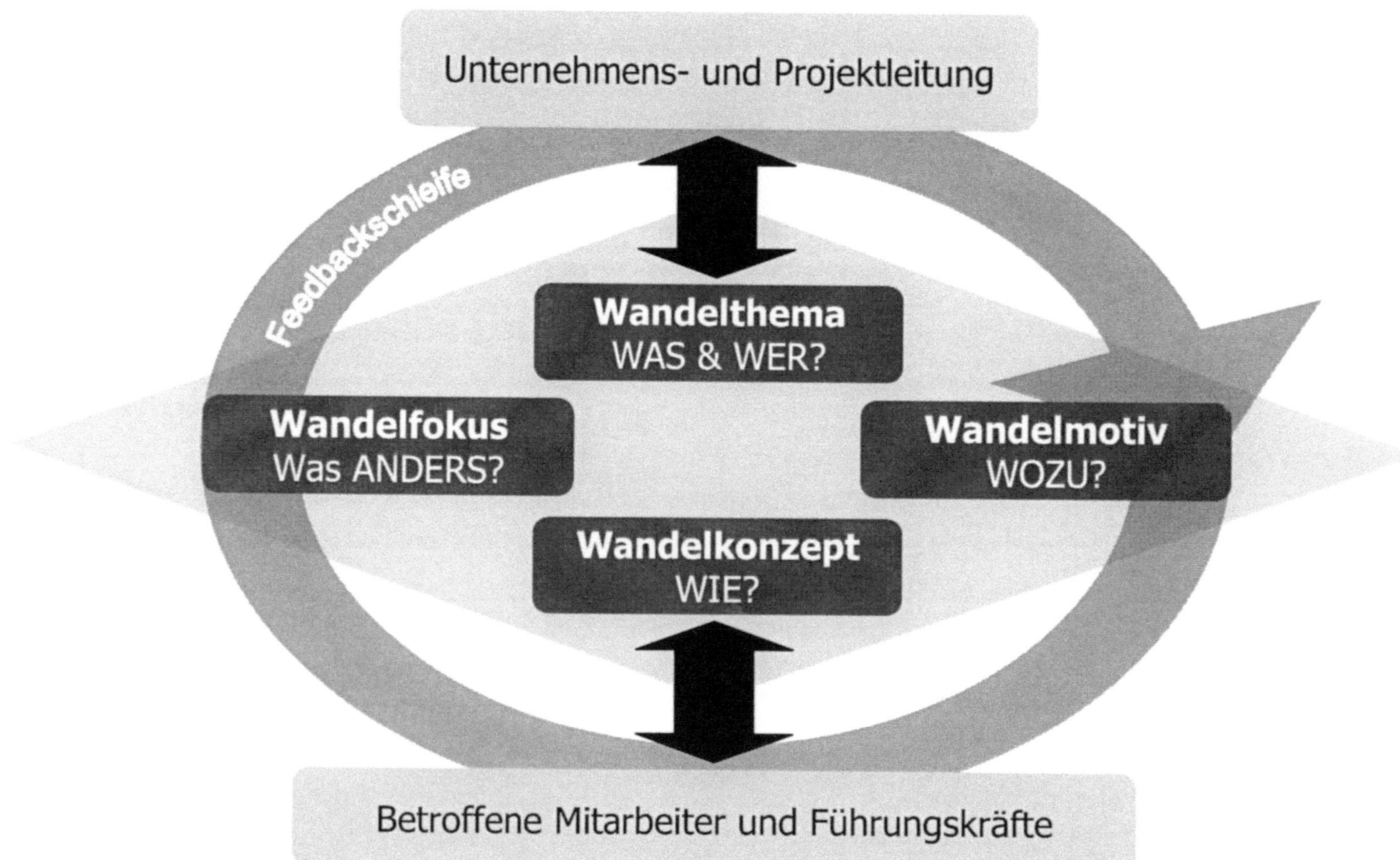

Quelle: in Anlehnung an Rüegg-Stürm, 2001.

Partizipation der Mitarbeiter und Führungskräfte an der Erarbeitung der Outsourcing-Strategie.

- **Die aktive Partizipation verfolgt zwei grundlegende Ziele**
  - Nutzung des erfolgskritischen Wissens der Mitarbeiter und Führungskräfte zur Optimierung der Outsourcing-Strategie (sog. Partizipations-Effizienz-Hypothese*).
  - Förderung der Akzeptanz der Outsourcing-Strategie durch die betroffenen Mitarbeiter und Führungskräfte (sog. Partizipations-Zufriedenheits-Hypothese*).
- **Das Ausmass der Partizipation kann**
  - vom Ausmass des konfliktären Interesses zwischen Projektverantwortlichen und betroffenen Mitarbeitern und Führungskräften,
  - von der Notwendigkeit der Unterstützung durch die Mitarbeiter,
  - von der Relevanz des Wissens der Mitarbeiter und Führungskräfte und
  - vom Zeitdruck

  abhängig gemacht werden.

* Quelle: Staehle, 1994.

Aktivität: Das Kommunikationskonzept bedarf einer konsequenten Umsetzung der beschlossenen Implementierungsmassnahmen.

- Führungskräfte und Mitarbeiter, die den Veränderungen nicht negativ gegenüberstehen, wünschen sich meist eine schnelle und konsequente Umsetzung des Projektes.
- Durch Verzögerungen besteht die Gefahr, dass die entwickelte Outsourcing-Strategie an Eigendynamik verliert.
- Eine schleppende Implementierung begünstigt zudem häufig den Aufbau von bereichsübergreifenden Koalitionen gegen das Outsourcing-Projekt und verursacht dadurch zusätzlichen Kosten- und Zeitdruck.

Der langfristige Erfolg eines Outsourcing-Projektes bedingt ein aktives Management der Outsourcing-Beziehung.

- **Kritische Punkte eines aktiven Managements der Outsourcing-Beziehung:**
  - Vorbereitung der Schnittstellenmanager auf die neuen Aufgaben
    - Schulungen
    - in- oder externes Coaching
  - Definition von Konfliktstufen
    - Bei welcher Art von Problemen wird jeweils die nächsthöhere Managementstufe miteinbezogen?
  - Aufbau einer Vertrauenskultur
    - Vorstellung des Lieferanten im eigenen Unternehmen
    - Besuche der Produktionsstätten des Lieferanten
    - Förderung der Transparenz von Kosten und Prozessen
  - Beibehaltung der Aufmerksamkeit der Unternehmensleitung

Quelle: Moser, 2002.

Wichtige Punkte des Vertragsmanagements (1).

- Wichtige Vertragsinhalte sind
  - **Ziele der Zusammenarbeit** (Kundenzufriedenheit, gemeinsame Unternehmensziele wie Senkung der Prozesskosten, etc.)
  - **Art der Zusammenarbeit** (Partnerschaft, Kooperation, Netzwerk etc.)
  - **Vertragsdauer** (Mindestlaufzeiten, Verlängerungen, Vorgehen bei Veränderungen, Kündigungsfristen, Automatismen, etc.)
  - **Qualitätsanforderungen** (geforderte Zertifikate, Offenlegung von Qualitätssicherungsmassnahmen, Rechte zur Durchführung von Qualitätsaudits, Garantie- und Serviceregelungen, etc.)
  - **Gewährleistungspflichten** (Vorhalten von bestimmten Lagermengen, Sicherstellung einer bestimmten Betriebsdauer, Risikomanagement, etc.)
  - **Auftragsumfang und -abwicklungsprozess** (genaue Definition des Produktions- bzw. Leistungsumfangs, Standardisierungsbemühungen, Prozessdefinitionen, etc.)
  - **Bedarfsplanung** (Abstimmungsprozess und –art, etc.)
  - **Preise** (Anfangspreise, Modus der Verhandlungen, Automatismen, etc.)

Wichtige Punkte des Vertragsmanagements (2).

- Wichtige Vertragsinhalte sind (Fortsetzung)
  - **Zahlungsmodalitäten** (Fristen, Kredite, Verrechnung, Rückvergütungen, etc.)
  - **Daten- und Informationsaustausch** (Schnittstellen, Datenzugang, Protokolle, etc.)
  - **Vertraulichkeit** (Unternehmens- und Produktdaten, Organisation, Prozesse, etc.)
  - **Patente und Eigentumsrechte** (Forschungs- und Entwicklungskosten, gemischte Teams, etc.)
  - **Übertragungs- und Veränderungsrechte** (Rechte zur Auftragsvergabe an Sublieferanten, Mitspracherechte der Unternehmen, etc.)
  - **Konfliktregelungen** (Definition von Eskalationsstufen, Einschaltung von Schiedsgerichten, etc.)
  - **Anhang** (Produkt- und Prozessdefinitionen, Bestätigungen, Zertifikate, etc.)

Wichtige Punkte bei organisatorischen Anpassungen.

- Bestimmung eines Schnittstellenmanagers zwischen Unternehmen und Lieferanten.
- Anpassung des Bonus- und Anreizsystems an die Outsourcing-Strategie.
  - Anreizsysteme in Unternehmen basieren teilweise auf der Bezugsgrösse Stellen bzw. Anzahl der unterstellten Mitarbeiter oder Budgetverantwortung.
  - Führungskräfte können bei Outsourcing-Vorhaben einen Teil ihrer Privilegien und materiellen Vergütung durch Personalabbau gefährdet sehen.
  - Es sollte eine anreizneutrale Ausgangsbasis geschaffen werden, um daraus resultierende Projekt-Widerstände überhaupt nicht entstehen zu lassen.
- Anpassung des Controllingsystems an die Outsourcing-Strategie.

Wichtige Punkte bei der Lieferantenauswahl (1).

- Auswahlkriterien für potenzielle Lieferanten
  - **Managementkompetenz**
    - Wie gut können zukünftige Probleme gelöst werden?
  - **Grösse / Internationalität**
    - Welche Erfahrungen und welches Wissen ist beim Lieferanten vorhanden und wie gut kann er Synergien realisieren?
  - **Finanzkraft**
    - Wie liquide und solvent ist der Lieferant?
  - **Projekterfahrung**
    - Hat der Lieferant schon Erfahrungen mit Outsourcing-Projekten in der gleichen Branche oder mit derselben Unternehmensaktivität?
  - **Kosten**
    - Wie hoch sind die gesamten Fremdbezugskosten im Vergleich zu den Eigenkosten? Gibt es Kostensenkungsvereinbarungen?
  - **Qualität**
    - Welches Qualitätsniveau kann der Lieferant garantieren?

Wichtige Punkte bei der Lieferantenauswahl (2).

- Auswahlkriterien für potenzielle Lieferanten (Fortsetzung)
  - **Flexibilität**
    - Wie flexibel kann der Lieferant auf Nachfrageveränderungen reagieren?
  - **Leistungspotenzial**
    - Über welche F&E-Kapazitäten verfügt der Lieferant? Wie gross ist das Produkt- oder Dienstleistungssortiment?
  - **Transparenz der Kosten**
    - Wie viel weiss unser Unternehmen über die Kostenstruktur des Lieferanten?
  - **Transparenz der Prozesse**
    - Sind die Prozesse so transparent, dass gemeinsam Optimierungen vorgenommen werden können?
  - **Aktivität bei Wettbewerbern**
    - Für welche unserer Wettbewerber produziert der Lieferant wichtige Teile bzw. bietet Dienstleistungen an? Wie stark sind die „Chinese Walls"?
  - **Verhandlungsmacht**
    - Wie gross ist der Anteil unseres Unternehmens am Umsatz des Lieferanten?

Beispiele für Anforderungen an potenzielle Partner in der Zulieferindustrie.

- **Identifikation mit dem Markt**
  - Ausrichtung des Lieferanten auf die Kundenanforderungen des beziehenden Unternehmens.
- **Bereitschaft zur langfristigen Partnerschaft**
  - Bereitschaft des Lieferanten zu Investitionen in Produktionsanlagen sowie Forschung und Entwicklung.
- **Ständiges Optimieren der Produkte und Prozesse**
  - Bereitschaft zur Zusammenarbeit bei unternehmensübergreifenden Prozessen und Schaffung der notwendigen Transparenz von Kosten und Prozessschritten.
- **Eigenständige Weiterentwicklung von Komponenten und Systemen**
  - Fähigkeit zur eigenständigen Weiterentwicklung von Produkten.
- **Management der Lieferantenkette**
  - Fähigkeit zum Management und der Weiterentwicklung der eigenen Lieferanten.

Inhaltsübersicht

Die 10 kritischen Erfolgsfaktoren eines Outsourcingprojektes.

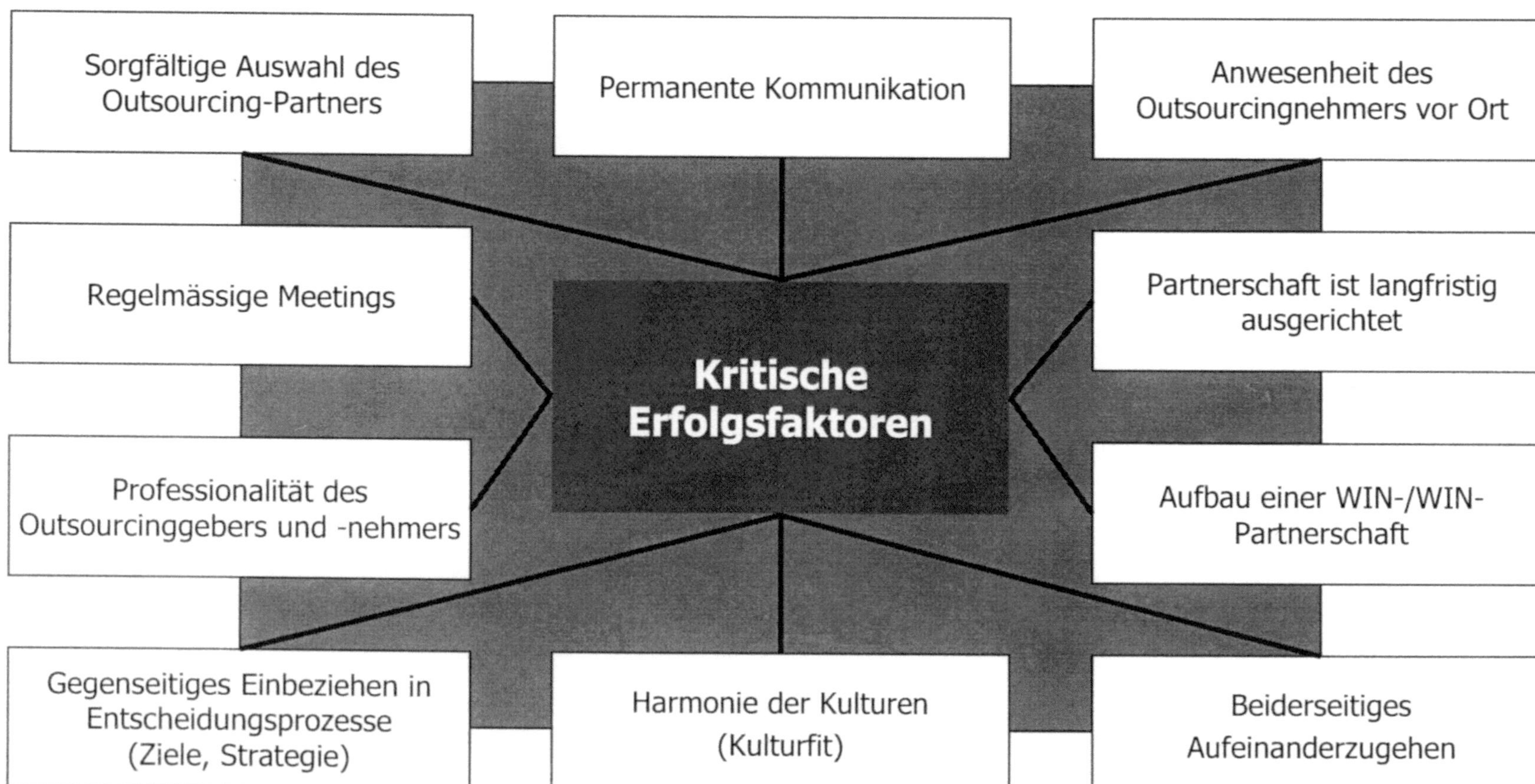

Top 10 Faktoren eines erfolgreichen Outsourcings.

- 1. Understanding company goals and objectives
- 2. A strategic vision and plan
- 3. Selecting the right vendor
- 4. Ongoing management of the relationships
- 5. A properly structured contract
- 6. Open communication with affected individual/groups
- 7. Senior executive support and involvement
- 8. Careful attention to personnel issues
- 9. Near term financial justification
- 10. Use of outside expertise

Quelle: The Outsourcing Institute Membership, 1998.

Störfaktoren bei Outsourcing-Projekten.

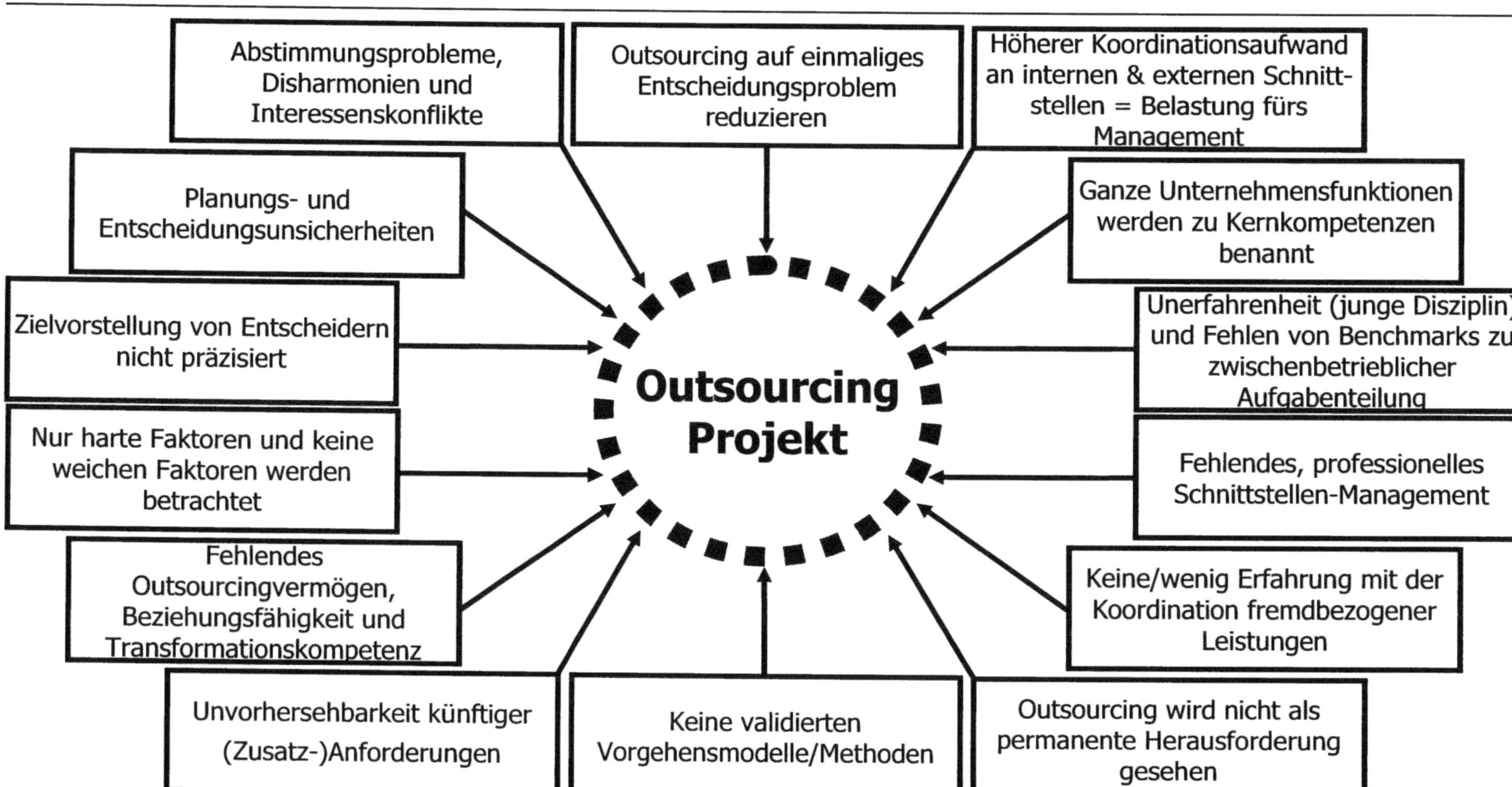

Resultat: Es existieren zahlreiche Stolpersteine auf dem Weg eines erfolgreichen Outsourcing-Projektes (1).

- **Häufige Misserfolgsfaktoren sind**
  - Keine Reduktion der Fixkosten durch mangelhafte Analyse oder Realisierung der Optimierungsmöglichkeiten.
  - Falsche Einschätzung der relevanten Kernkompetenzen des eigenen Unternehmens.
  - Falsche Einschätzung der eigenen Kostenstruktur.
  - Falsche Einschätzung der Fremdbezugskosten.
  - Unausgewogener Einsatz von qualitativen und quantitativen Analyseinstrumenten.
  - Schlechte Ausnutzung des Spektrums an Outsourcing-Formen.
  - Keine Absicherung des notwendigen Qualitätsniveaus.
  - Mangelnde Aufmerksamkeit für die Implementierung der Outsourcing-Strategie.
  - Unterschätzung des Einflusses des Widerstands der betroffenen Mitarbeiter und Führungskräfte.

Resultat: Es existieren zahlreiche Stolpersteine auf dem Weg eines erfolgreichen Outsourcing-Projektes (2).

- **Häufige Misserfolgsfaktoren sind (Fortsetzung)**
  - Mangelnde Aufmerksamkeit für die Zusammensetzung des Outsourcing-Projektteams.
  - Vernachlässigung der Kommunikation zwischen Projektleitung und betroffenen Mitarbeitern.
  - Keine Anpassung des Controllingsystems.
  - Keine Anpassung des Bonus- und Lohnsystems.
  - Unsystematische Lieferantenauswahl.
  - Mangelhaftes Vertragsmanagement.
  - Vernachlässigung des Vertrauensaufbaus zwischen Unternehmen und Lieferant.
  - Keine Durchführung von Pilot-Projekten.

Inhaltsübersicht

Inhaltsübersicht

(1) Grundlagen des Outsourcing

(2) Outsourcing-Prozess

(3) Typische Fehler und Handlungsempfehlungen

(4) Beispiele

- **(1) Plastik GmbH: Outsourcing Gabelstaplerfuhrpark**
- **(2) Outsourcing der Transportlogistik**
- **(3) Outsourcing im Bankensektor**
- **(4) Outsourcing im öffentlichen Sektor**

(5) E-Procurement und Business Process Outsourcing

(6) Literaturverzeichnis

Plastik GmbH: Outsourcing Gabelstaplerfuhrparke.

- Historie
  - 1995: Analyse der Fertigungssteuerung und des innerbetrieblichen Materialflusses zur Erarbeitung eines Werkstattsteuerungskonzeptes durch IPA im Werk Ruhrpott.
    - Outsourcing des Fuhrparks im Rahmen eines Full-Servicevertrages.
    - Kostenreduzierung durch Wegfall eigenen Wartungspersonals.
    - Konstante Rentalrate inkl. Wartung, aller Verschleiss-/Ersatzteile, Öl/Schmierstoffe und Maschinenbruchversicherung o. SB.
    - Erhöhung der Verfügbarkeit.
    - Keine Ersatzinvestitionen.
    - Immer auf aktuellem Stand der Technik.

Plastik GmbH: Outsourcing Gabelstaplerfuhrparke.

- Umsetzung Werk Ruhrpott
  - Im Einsatz befindliche eigene Geräte vom Fabrikat „Stapler GmbH".
  - Ist-Aufnahme Tonnage/Ausstattungsumfang Altgeräte.
  - Einholung entsprechender Angebote von „Hochstapler GmbH", „Stapler GmbH" und „Tiefstapler GmbH" mit gewünschtem Antriebskonzept „hydrostatischer Antrieb".
  - Testversuche „Tiefstapler GmbH" unter Produktionsbedingungen (Ergebnis: keine Einschränkungen und vergleichbar mit „Stapler GmbH").
  - März 1996: Auftragsvergabe an wirtschaftlichsten Bieter „Tiefstapler GmbH" (24 Mietgeräte/Laufzeit 48 Monate).
  - Verkauf der Altgeräte an „Tiefstapler GmbH"
  - Auftragserweiterungen um ex-geschützte Geräte, Industrieschlepper, Schwerlastanhänger, Kehrmaschine und Deichselgeräte.
  - Oktober 1999: Auftragsverlängerung und Fabrikatwechsel auf „Neustapler GmbH" (zusätzliche Einsparung 120 TDM p. a.).

Plastik GmbH: Outsourcing Gabelstaplerfuhrparke.

- Konzeptübertragung auf restliche Werke
  - Ab Mai 1996: Ist-Aufnahme Altgeräte der Werke Ruhrstadt und Industriestadt.
  - Einholung eines ersten Vergleichsangebotes zur Wirtschaftlichkeitsbetrachtung („Tiefstapler GmbH").
  - Abstimmung der technischen Anforderungen und Kapazitäten.
  - 1997: Einbindung weiterer Werke in die Ausschreibung.
  - Einholung weiterer Angebote („Umstapler GmbH", „Verstapler GmbH").
  - Unentgeltliche Testversuche der verschiedenen Fabrikate und technischer Alternativen (Antriebsarten thermisch/elektrisch).
  - Testversuche verschiedener Batteriehersteller zur Ermittlung der Stand-/Ladezeiten.
  - Ermittlung standort- und produktionsspezifischer Anforderungen sowie behördlicher Auflagen (Lärmpegel, StVZO, etc.).
  - Mai 1998: Vergleichsmessungen der angebotenen Fabrikate und Erstellung eines Lärmgutachtens durch Dr. Müller, „Prüf GmbH" (erweitert um "Stapler GmbH"/"Riesenstapler GmbH" im Juli 1998).
  - „Neustapler GmbH" erfüllt als einziger Anbieter die strengen Vorgaben des Schallleistungspegel für den Standort Chemiestadt.

Plastik GmbH: Outsourcing Gabelstaplerfuhrparke.

- Konzeptübertragung auf restliche Werke (Fortsetzung)
  - Mai 1998: Einarbeitung aller gewonnenen Erkenntnisse in die Ausschreibungsunterlagen und erneute Angebotseinholung.
  - Aufgrund eines bestehenden Konzernverbotes der „Stahl GmbH" blieben die „Stapler GmbH" und „Riesenstapler GmbH" bei der Angebotseinholung unberücksichtigt.
  - Juni 1998: Aufhebung des Konzernverbotes und Einbindung „Stapler GmbH" und „Riesenstapler GmbH" in die Ausschreibung.
  - August 1998: Erste Verhandlungen und Selektierung der Anbieter.
  - September 1998: Vorschlag an die Geschäftsleitung zur Auftragserteilung an „Stapler GmbH".
  - Aus Budget-Gründen keine Umsetzung im GJ 98/99.
  - Fortlaufende Weiterbearbeitung der Angebote und alternativer Lösungen im GJ 98/99.
  - Verstärkter Ausfall der eigenen Geräte.
  - Reparaturen erfolgen meist nicht, da wirtschaftliche Instandsetzungsgrenze überschritten.
  - Ersatz durch „Kurzzeitmietgeräte" (teilweise über 50 % der Fuhrparke).

Plastik GmbH: Outsourcing Gabelstaplerfuhrparke.

■ Konzeptübertragung auf restliche Werke (Fortsetzung)

- Mietkosten, technischer Zustand und der ständige Ausfall der Altgeräte (bis zu 16 Jahre alt) und daraus resultierende Gefahren werden immer unzumutbarer.
- Februar 2000: Erneute Endverhandlungen mit „Stapler GmbH", „Riesenstapler GmbH", „Neustapler GmbH".
- Vorschlag an die Geschäftsleitung zur Vergabe des Servicevertrages an den wirtschaftlichsten Bieter „Neustapler GmbH".
- Jährliche Einsparung gegenüber Budget 133 TDM.
- 17. Februar 2000: Auftragserteilung und Verkauf der Altgeräte an „Neustapler GmbH".
- Ende Februar 2000: Nochmalige Feinabstimmung des Lieferumfanges mit allen Werken.
- Die Auslieferung der 115 Mietgeräte erfolgt im Zeitraum Ende April – Ende Juni 2000.

■ Weitere Vorgehensweise

- Derzeitige Ausarbeitung eines Konzeptes zum Outsourcing der „Manpower" an einen leistungsfähigen und bundesweit tätigen Dienstleister.
- Geplante Umsetzung im GJ 00/01.
- Ausweitung „Outsourcing Gabelstapler" auf andere Teilkonzerne „Tech GmbH" und „Stahl GmbH".

Inhaltsübersicht

Ausgangssituation: Das Logistikunternehmen vermutete im Transportbereich erhebliche Kostennachteile bei der Eigenproduktion.

Status quo vor Projektbeginn.

- Der Outsourcinganteil im Transportbereich lag vor Projektbeginn überwiegend zwischen 10 – 20 %.
- Die Kostennachteile der Eigenproduktion waren bekannt, aber bis dato nicht quantifiziert.
- Weiteres Potenzial wurde in der Organisationsstruktur und den Geschäftsprozessen vermutet.
- Zusätzlicher Handlungsbedarf entstand aufgrund des bevorstehenden Börsengangs.

1. Wie hoch sind die Kostennachteile der Eigenproduktion gegenüber dem Markt?
2. Welche Transport-/Outsourcingstrategie ergibt sich daraus für das Unternehmen?

Auftrag:

- Analyse der Ist-Situation
- Positionierung
- Umsetzung

Analyse der Ist-Situation: Die Kostennachteile der Eigenproduktion wurden durch einen umfangreichen Eigen-/Fremdvergleich ermittelt.

Die Datenbank enthält
- regionsbezogene
- fahrzeugtypspezifische Preise für
- Fern- u. Regionalverkehr

Identifizierung von Handlungsfeldern und -bedarf
- im Personalbereich
- bei den IT-Systemen

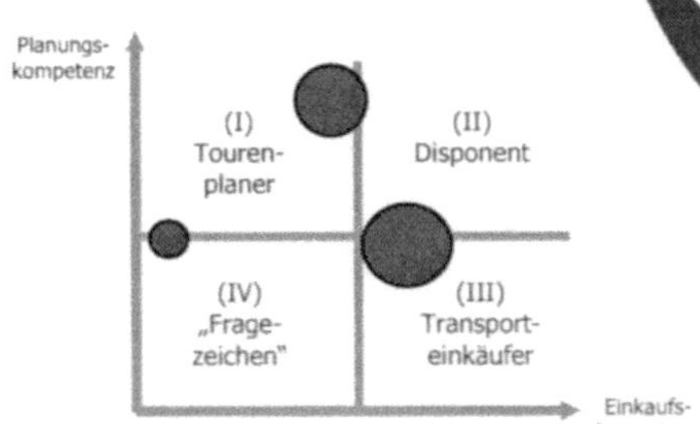

Fahrzeugtypen	CHF/h eigen	CHF/h fremd	Differenz eigen - fremd absolut	in %
Pkw-Klasse				
Transporter bis 2,8t				
Transporter über 2,8t bis 3,5t				
Lkw bis 5t				
Lkw über 10t bis 12t				
Lkw 13t bis 15t				
Lkw 16t bis 18t				
Hängerzug				
Se.				

Vergleich u.a. der
- tourbezogenen Kosten
- Kosten aufgrund gesetzl./tarifvertragl. Regelungen
- Produktivität der Mitarbeiter

Ermittlung u.a. von
- Verhältnis Administration/Produktion
- Zuständigkeiten und Schnittstellen
- Prozesszeiten und -kosten

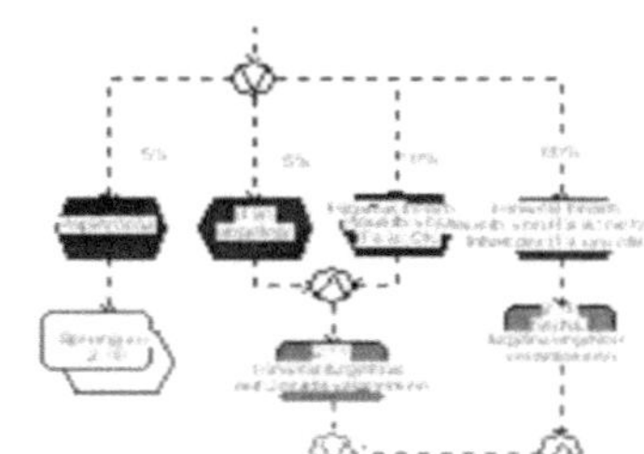

Durch die Ist-Analyse konnten die quantitativen Nachteile der Eigenproduktion beziffert und die Ursachen aufgezeigt werden.

Quantitative Kostennachteile Eigenproduktion ca. 50 %	Mehrkosten der Eigenproduktion (produktiver Bereich, d.h. Fahrer) gegenüber 100 %-Outsourcing	ca. 30 %
	Mehrkosten aufgrund Personalüberhang im administrativen Bereich (Overhead)	ca. 15 %
	Mehrkosten wegen Schnittstellen in den Prozessen sowie IT-Nutzungsproblemen	ca. 5 %

Ursachen (auszugsweise)

- Die Mehrkosten der Eigenproduktion im produktiven Bereich resultierten aus
  - tarifvertraglichen Regelungen (Wochenarbeitszeit, Urlaub/Weiterbildung).
  - einem vergleichsweise hohem Bestand an Reservefahrzeugen (5 – 8 %).
  - einer im Vergleich unterdurchschnittlichen Auslastung der eigenen Fahrzeuge.
  - einem z.T. hohen Anteil an Leerfahrten.
- Die regionale Aufteilung und die innerbetrieblichen Zuordnungen von Kompetenzen führten zu
  - einem Personalüberhang im administrativen Bereich (aus Unternehmenssicht).
  - höheren Prozesskosten (aus Betriebs- bzw. Abteilungssicht).

Weiteres Ergebnis der Ist-Analyse: Auch die bereits geoutsourcten Transportleistungen wurden bis zu 25% über Marktpreis eingekauft

Quantitative Kostennachteile bisherige Vergabe bis 25 %	
	im Fern- und Regionalverkehr
	bei ähnlichen Touren
	in ähnlichen/gleichen Regionen

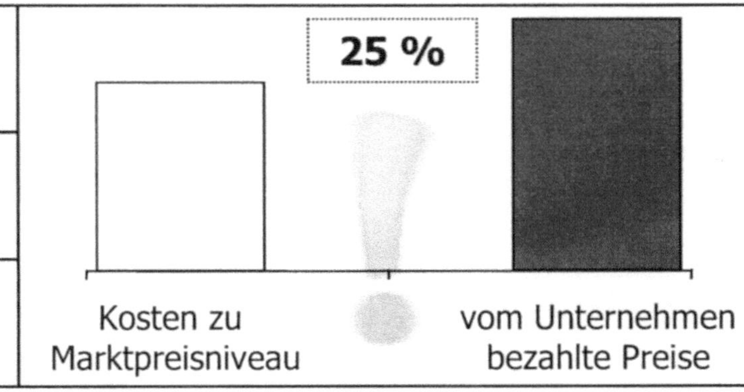

Ursachen (auszugsweise)

- Externe Ursachen (z.B. schlechte Marktsituation) konnten nach der Analyse ausgeschlossen werden.
- Konsequenz: interne Ursachen
  - Tourenplanung und/oder
  - Transporteinkauf
- Analyseergebnis: anhand eines HR-Portfolios konnten die Defizite bei den Disponenten in den Bereichen Planung und Einkauf aufgezeigt werden.

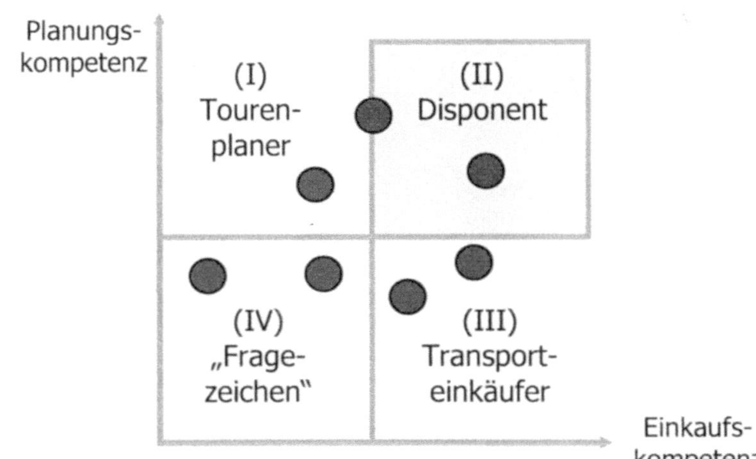

Die Positionierung: Zum Abbau der Wettbewerbsnachteile wurde ein ganzheitliches Strategie- und Logistikkonzept entwickelt.

- Formulierung der Outsourcing-Strategie, d.h.
  - Ermittlung des optimalen Outsourcing-Mix.
  - Festlegung der Zulieferstruktur.
  - Bestimmung der Vorgehensweise.
- Restrukturierung
  - der Unternehmensstruktur/regionaler Zuschnitt.
  - der Betriebsstätten/Abteilungen und Prozesse.
- Umsetzung und Controlling
  - Tourenoptimierung und Transporteinkauf im Pilot.
  - Umsetzungscontrolling.
  - Qualitätssicherung.
- Coaching/Personalentwicklung
  - Coaching der Pilotbetriebe und zentraler Einheiten.
  - Schulung der Einkäufer und Disponenten.

Die Outsourcingstrategie legte die Richtung für den weiteren Projektverlauf fest.

Outsourcingstrategie

Auf Basis der Ist-Analyse wurde eine konsens-fähige Outsourcingstrategie entwickelt

- Reduktion des Fahrpersonals um def. Prozentsatz
- Realisierbare Einsparungen
- Zeitraum Umbau der Transportstruktur (so weit als möglich sozialverträglich).

Der verbleibende Eigenanteil bildet die „strategische Reserve" des Unternehmens.

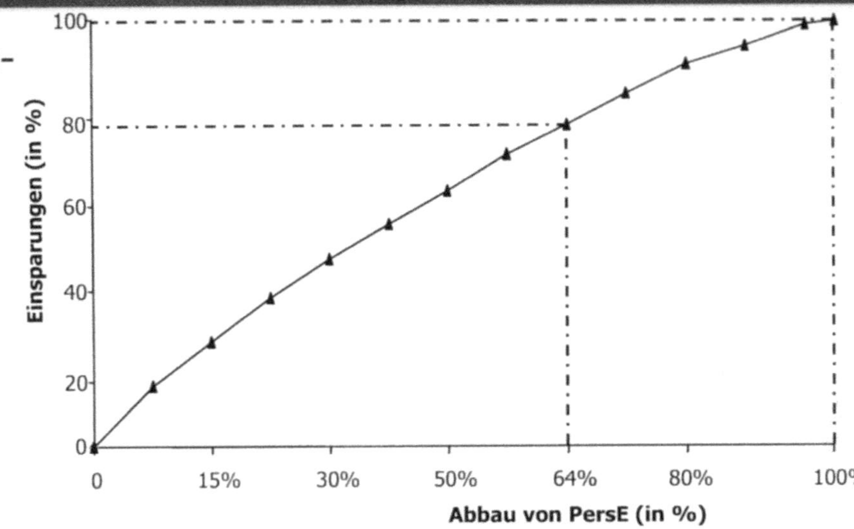

Weitere strategische Eckpunkte

- Pilotierung in drei Niederlassungen (gemeinsam mit dem Sozialpartner ausgewählt).
- Einkauf der Transportleistungen v.a. bei regionalen Dienstleistern.
- Forcierung des Outsourcings in Ballungsräumen (Transportmarktsituation, höhere Fluktuation).
- Institutionalisierung eines zentralen Outsourcingcontrollings und Qualitätssicherungssystems.

Die Umsetzung erforderte die Einführung strategiekompatibler Strukturen und Prozesse auf zentraler und dezentraler Ebene.

Reorganisation von Strukturen und Prozessen

Regionale Neugliederung und Reduktion der Niederlassungen um 50 %.

Umverteilung von Kompetenzen zwischen Zentrale und Niederlassungen bei
- Tourenplanung
- Transporteinkauf
- Controlling

Prozessredesign zur Senkung der Prozesskosten
- bei Kernprozessen (Disposition)
- und Supportprozessen (z.B. Rechnungsabwicklung)

Einführung und Nutzung elektronischer Systeme
- Datenbanken
- Monitoringsystem
- Transportbörse

In der Umsetzung wurden die Transporte niederlassungsspezifisch anhand Personalbestand und v.a. Fahrzeugauslastung optimiert. Die Auswahl und Optimierung erfolgt in vier Schritten.

1. Überprüfung der Fahrzeugauslastung anhand der Umlaufpläne (Ziel: möglichst viele Fahrzeuge freisetzen). Die eigenen Touren wurden so auf die Fahrzeuge verteilt, dass der verbleibende Fuhrpark bestmöglich ausgelastet war.

2. Begleitung der ausgewählten Touren und Anpassung an die Fremdvergabe.

3. Prüfung der Touren auf betriebliche Umsetzbarkeit und hinsichtlich Vergabefähigkeit/Attraktivität für den Transportmarkt.

4. Berechnung der Einsparungen pro Jahr gegenüber den Eigenkosten des abgebauten Personals und der abgebauten Fahrzeuge. Abgleich mit anderen Vergabealternativen.

Auch beim Transporteinkauf wurde das Unternehmen in allen Schritten voll unterstützt.

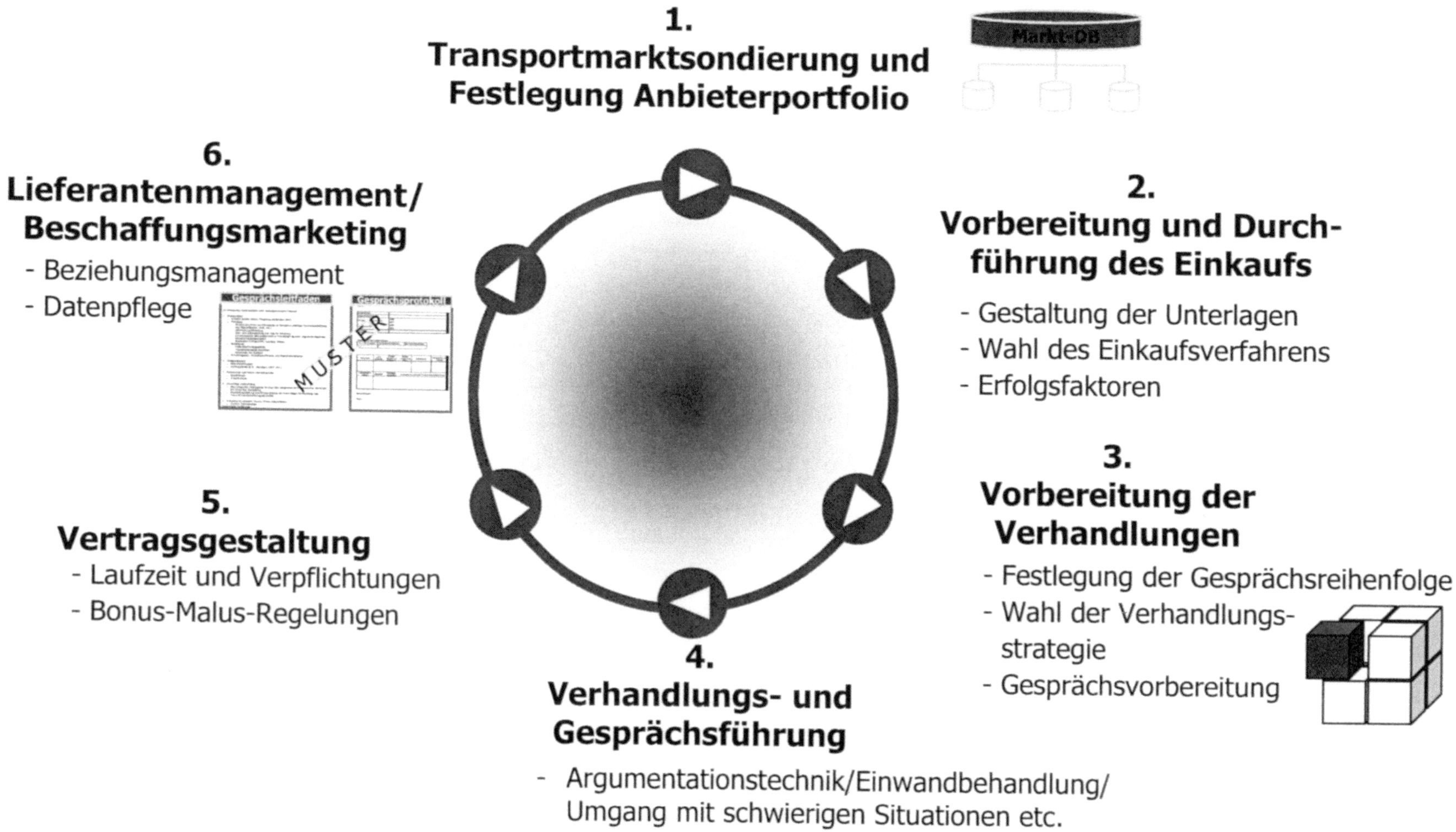

Zur Messung des Umsetzungserfolges und der Qualität der Servicepartner wurde ein Outsourcing-Controlling institutionalisiert.

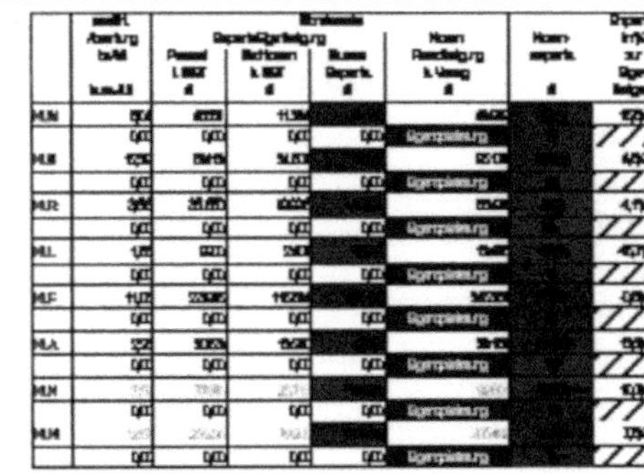

- Das Controlling erfasst monatlich die Veränderungen im Personalbestand sowie die absolute und relative Kostenersparnis durch das Outsourcing.
- Das Controlling zeigte, dass in der Pilotierung und der Umsetzung auf breiter Ebene alle Projektziele erreicht wurden.
- Eine einfache, aber verlässliche Qualitätsmessung und eine einheitliche Frachtführerbewertung bildeten die Grundlage für das Qualitätscontrolling.*

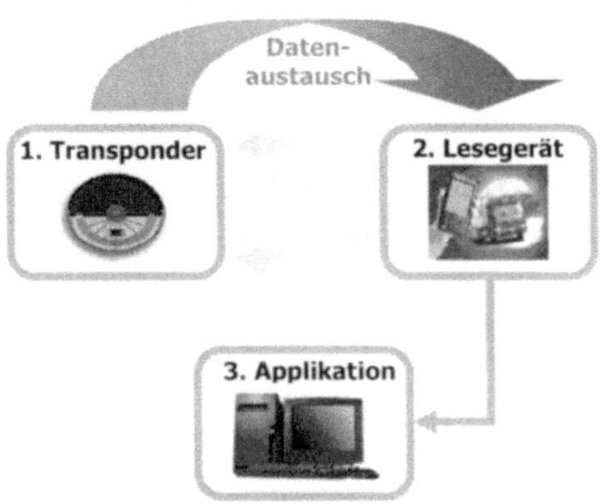

Qualitätsmessung: Transponder-Technologie

→ einfach, schnell umsetzbar, praktikabel, wenig störanfällig

Frachtführerbewertung: Integration in bestehendes System

→ quantitative/qualitative Kriterien, bundesweit einheitlich

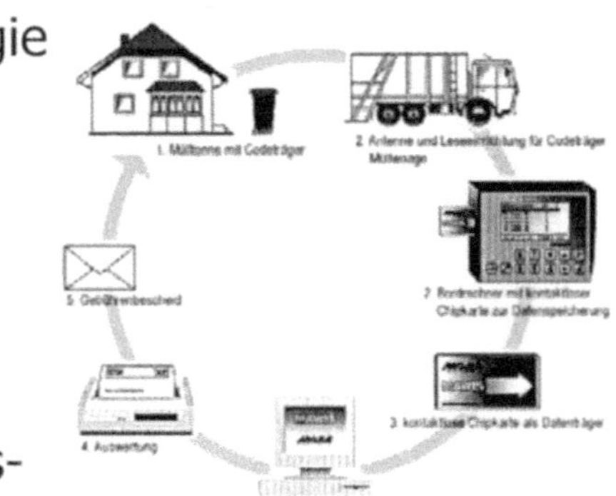

* Vor Projektbeginn: keine einheitliche Auffassung über die wesentlichen Kriterien zur Beurteilung der Qualität von Transportunternehmen, keine standardisierte Vorgehensweise und kein einheitliches System zur Messung der Qualität der erbrachten Fremdleistungen, keine unternehmensweite Transparenz bzgl. der Transportunternehmer-Qualität

Durch das Coaching wurden zentrale und dezentrale Einheiten schrittweise in ihre Aufgaben eingearbeitet.

1. Zentrales Controlling

1. Abweichungsanalyse
2. Gegenmassnahmen

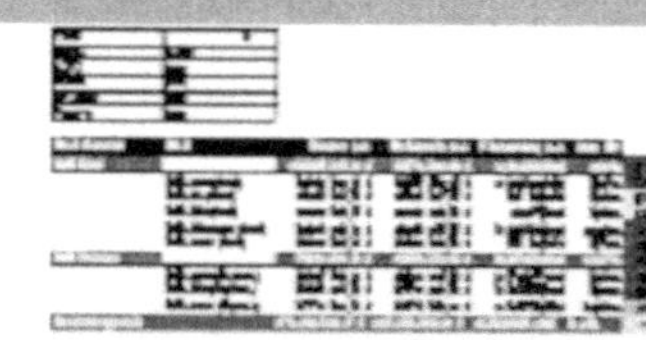

2. Zentraler Transporteinkauf

1. Bundesweite Frachtführer- und Preisanalyse
2. Regionalorientierte Einkaufscenter

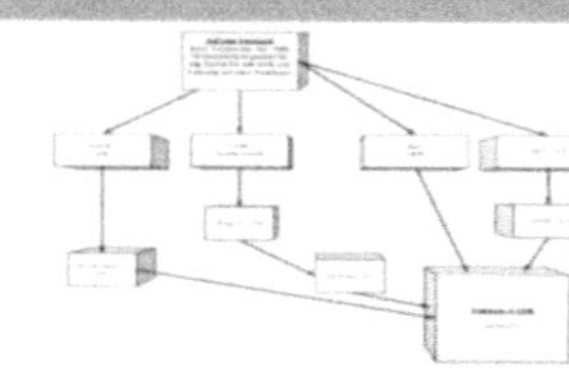

3. Dezentrale Einheiten

1. Tourenauswahl und -kombination
2. Vorbereitung von Verhandlungen
3. Begleitung in die Verhandlungen
   - Verhandlungsführung
   - Beobachtung und Bewertung

Erfolg:
Knapp 80 % der identifizierten Einsparungen (Pilot) wurden bereits im Projektzeitraum realisiert.

Im Rahmen der durchgeführten Schulungen wurden in Einzel- und Gruppenarbeit zwei Schwerpunkte praxisbezogen geübt.

Grundlagen erfolgreichen Verhandelns

- **Verhandlungsvorbereitung**
- **Argumentations- und Fragetechniken**
- **Harvard-Konzept als Grundlage für erfolgreiche Verhandlungen**
- **Einwandbehandlung**
- **Umgang mit schwierigen Verhandlungspartnern**

Verhandlungsführung beim Transporteinkauf

- **Kalkulationsverfahren am Transportmarkt**
- **Die klassischen Argumente von Transportunternehmern**
- **Synergieorientiertes Verhandeln**
- **Taktiken**

Inhaltsübersicht

Die drängenden Probleme einer sehr hohen Fertigungstiefe und schwierigen Risikostrukturen erklären die Ziele/Bereitschaft zum Outsourcing im Bankensektor.

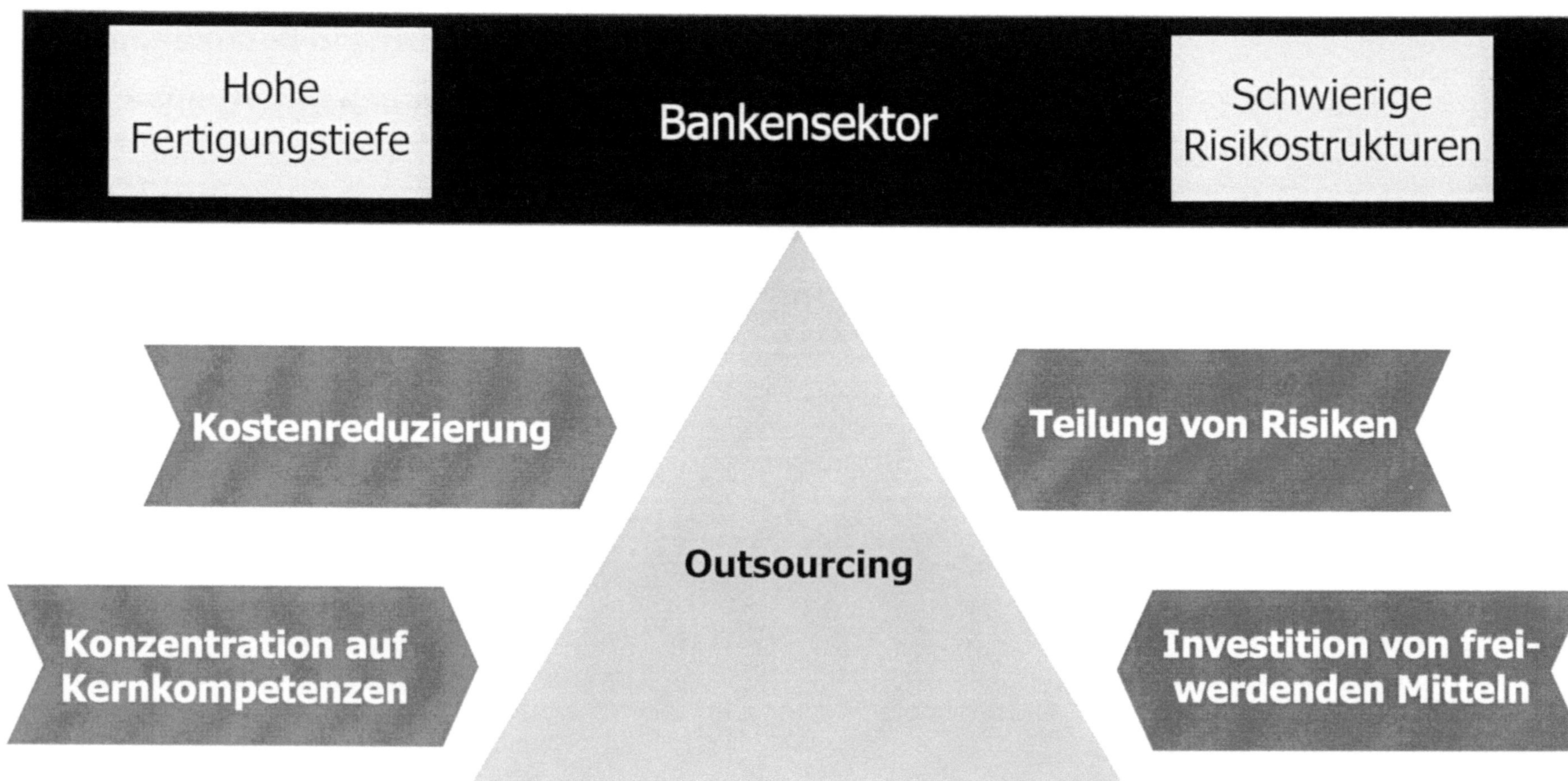

Quelle: Accenture / International Bankers Forum e.V, 2003.

Es gibt eine Vielzahl erfolgskritischer Faktoren beim Outsourcing im Bankensektor - sowohl interne als auch externe (einseitige und wechselseitige) Faktoren.

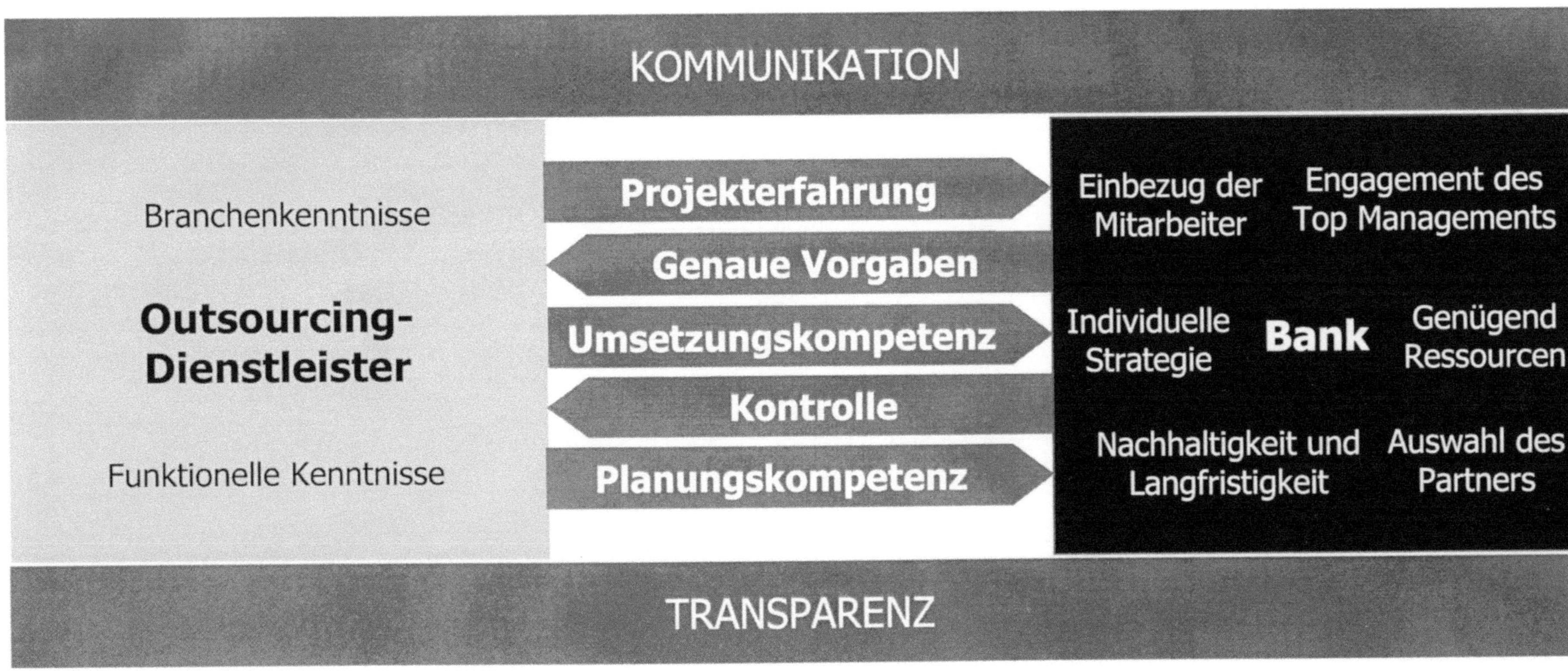

Quelle: Accenture / International Bankers Forum e.V.

Es ergeben sich signifikante Risiken für die Bank. Diese werden von den für die Risikoaufteilung (eines der Hauptziele der Bank) beim Outsourcing notwendigen langfristigen Verträge verstärkt.

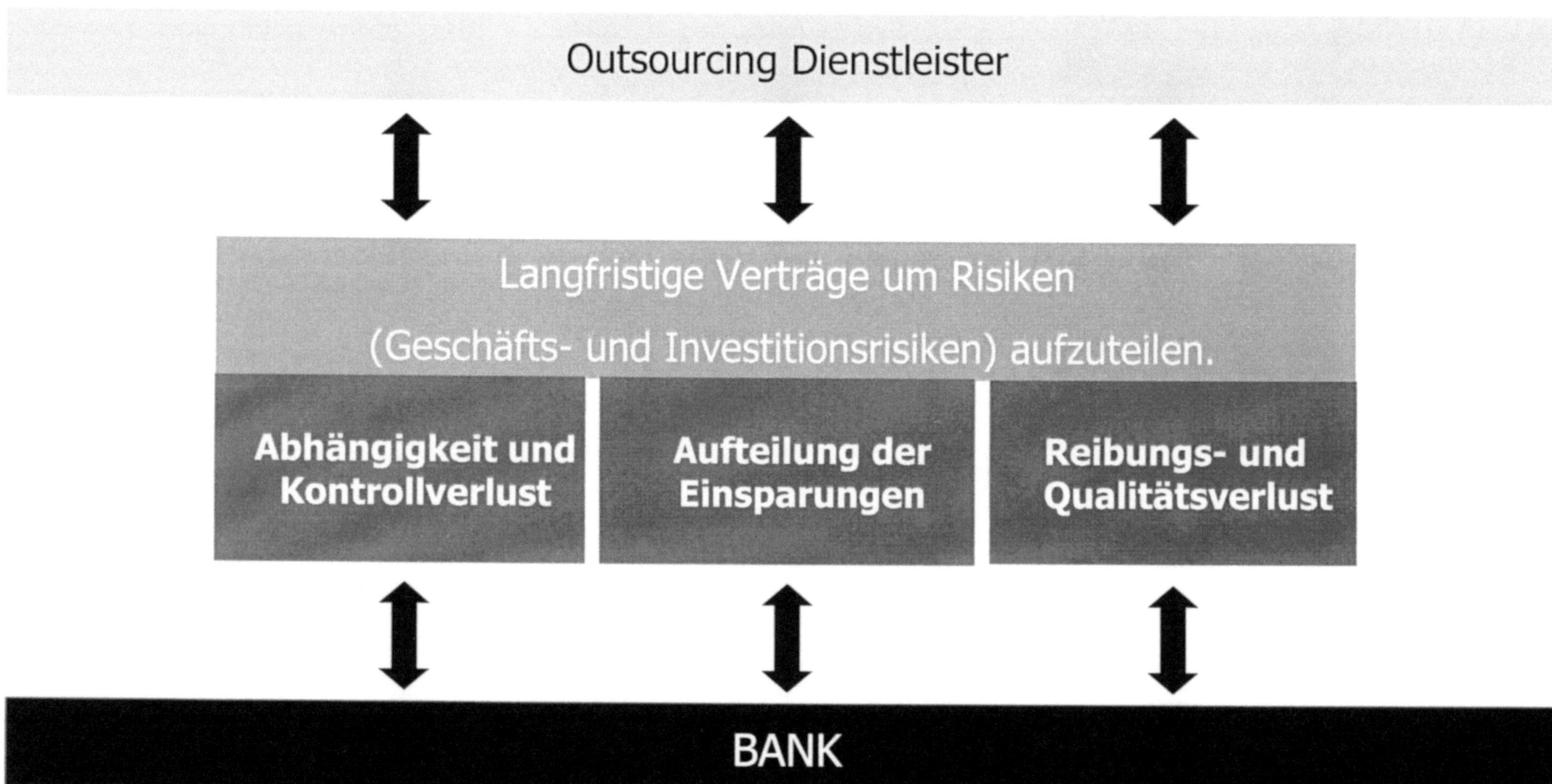

Quelle: Accenture / International Bankers Forum e.V., 2003.

Inhaltsübersicht

(1) Grundlagen des Outsourcing

(2) Outsourcing-Prozess

(3) Typische Fehler und Handlungsempfehlungen

(4) Beispiele

- **(1) Plastik GmbH Outsourcing Gabelstaplerfuhrpark**
- **(2) Outsourcing der Transportlogistik**
- **(3) Outsourcing im Bankensektor**
- **(4) Outsourcing im öffentlichen Sektor**

(5) E-Procurement und Business Process Outsourcing

(6) Literaturverzeichnis

Outsourcing bietet dem öffentlichen Sektor einen Weg bei Haushaltsdefizit und steigenden Erwartungen seine Ziele besser zu erreichen.

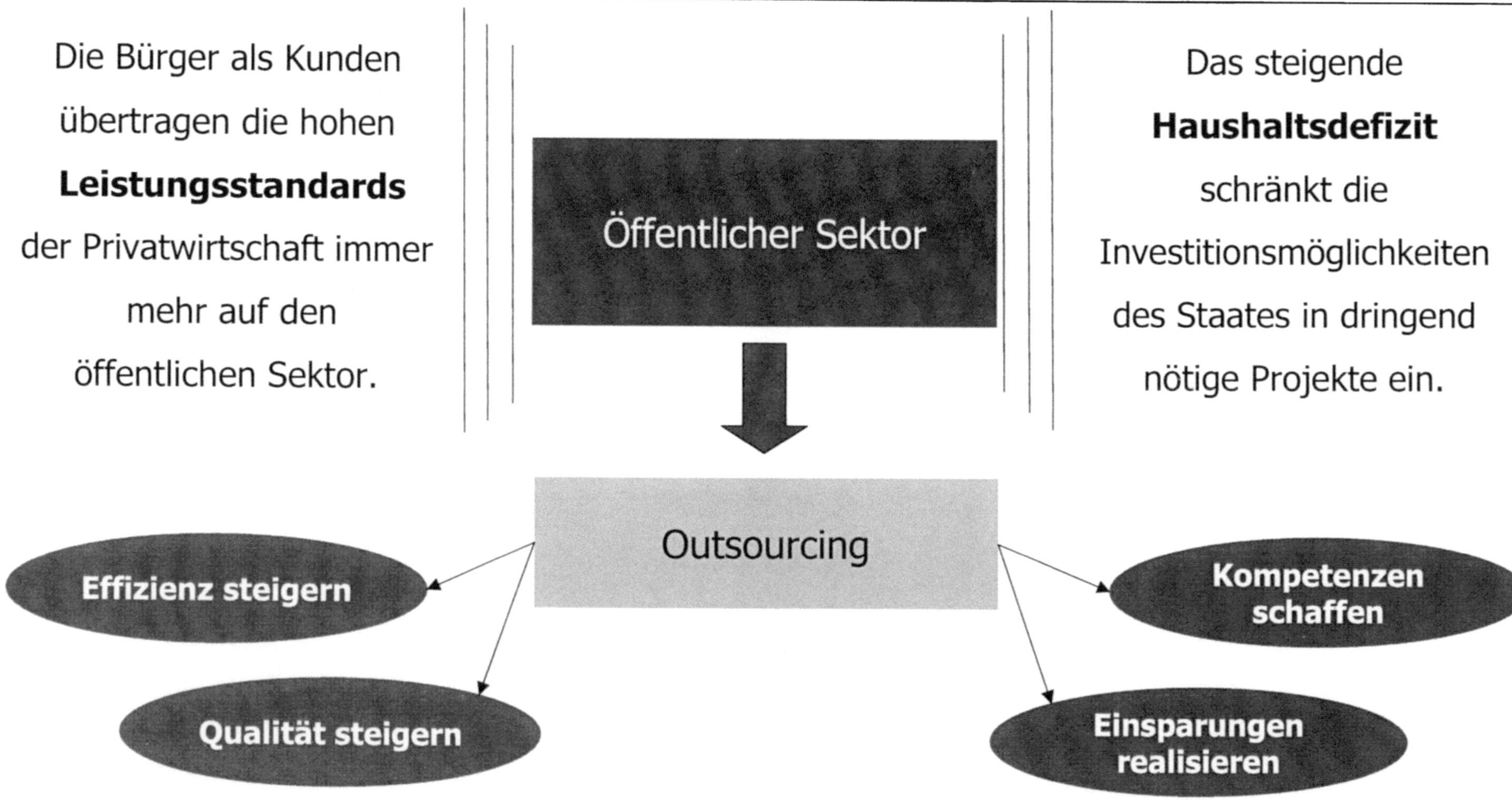

Quelle: Accenture, 2002.

Die Anforderungen an Outsourcing Dienstleister unterscheiden sich von denen der Privatwirtschaft. Besonders wegen der Pflicht zur öffentlichen Ausschreibung.

Quelle: Accenture, 2002.

Es existieren verschiedene Stufen des Outsourcings im öffentlichen Sektor. Diese lassen sich aus Sicht des heutigen Potenzials in einer Pyramide darstellen.

Potenzialpyramide für Outsourcing

Quelle: Accenture, 2002.

Outsourcing im öffentlichen Sektor entwickelt sich weiter.

- Zwei Drittel der Führungskräfte im öffentlichen Sektor haben bereits Erfahrungen mit Outsourcing gesammelt. Besonders in sekundären Bereichen (z.B. Gebäudereinigung) oder um Kompetenzen zu erwerben (z.B. IT).
- In anderen Ländern (z.B. Vereinigtes Königreich) ist diese Entwicklung schon weiter und es kommt bereits zum Business Process Outsourcing (z.B. Logistik, Personal, Finanzen). In Deutschland wollen ein Drittel der Führungskräfte mit Erfahrung im öffentlichen Sektor das Outsourcing auf Bürger Services (z.B. Müllabfuhr) und Customer Relationship Management (z.B. Call Center) erweitern, so genanntes Service Outsourcing.

Quelle: Accenture, 2002.

Es bestehen aber einige sehr spezifische Hindernisse beim Outsourcing im öffentlichen Sektor. Hieraus ergeben sich eine Reihe erfolgskritischer Faktoren.

Hindernis	Erfolgsfaktor
Gesetze, Datenschutztechnische Richtlinien, Hoheitsrechte	**Frühzeitige Prüfung der Gesetzeslagen bzw. Anpassungsmöglichkeiten**
Druck durch die Belegschaft, Beamtenstatus	**Frühe und aktive Kommunikation**
Anbieterauswahl, Kontrollverlust	**Transparenz, klare Schnittstellen, aktive Kommunikation**

Quelle: Accenture, 2002.

Inhaltsübersicht

Business Process Outsourcing hilft dem Einkauf seine Ziele zu erreichen. Mithilfe von E-Procurement kann der Einkauf outsourcingfähig gemacht werden.

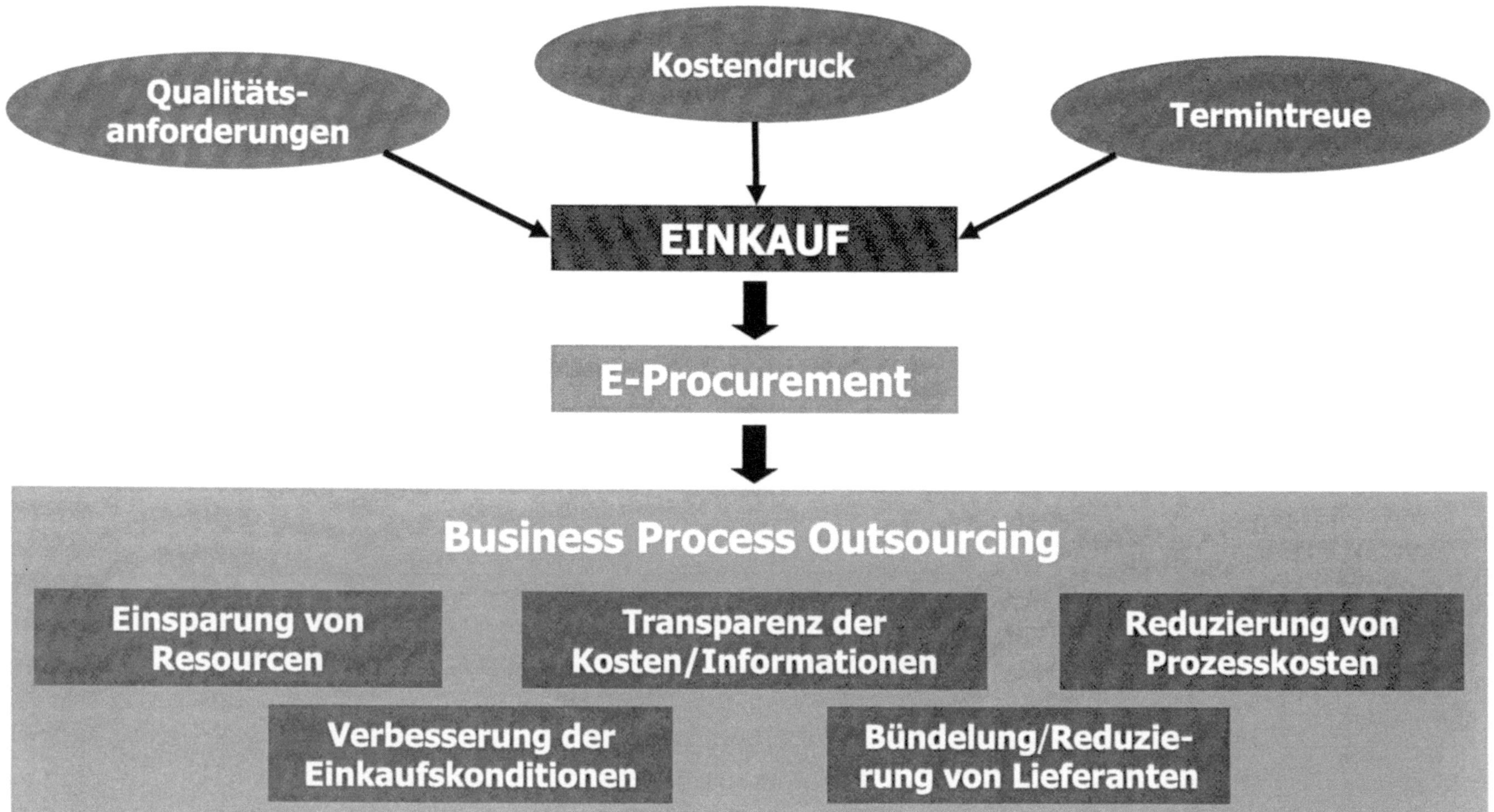

Quelle: Bundesverband Materialwirtschaft Einkauf und Logistik, 2003.

Es fehlen die Grundlagen für ein erfolgreiches Outsourcing im Einkauf. Der Bündelungsgrad ist zu niedrig.

- Es fehlen vielfach die Grundlagen für ein BPO im Einkauf: Einkaufstransparenz, funktionierende standardisierte Prozesse, Kosten- und Informationstransparenz sind vielfach nicht gegeben. Der Bündelungsgrad bei 67% der deutschen Unternehmen beträgt unter 25%. Nur 9% der deutschen Unternehmen erreichen einen outsourcingfähigen Bündelungsrad von über 75%.

Bündelungsgrad deutscher Unternehmen

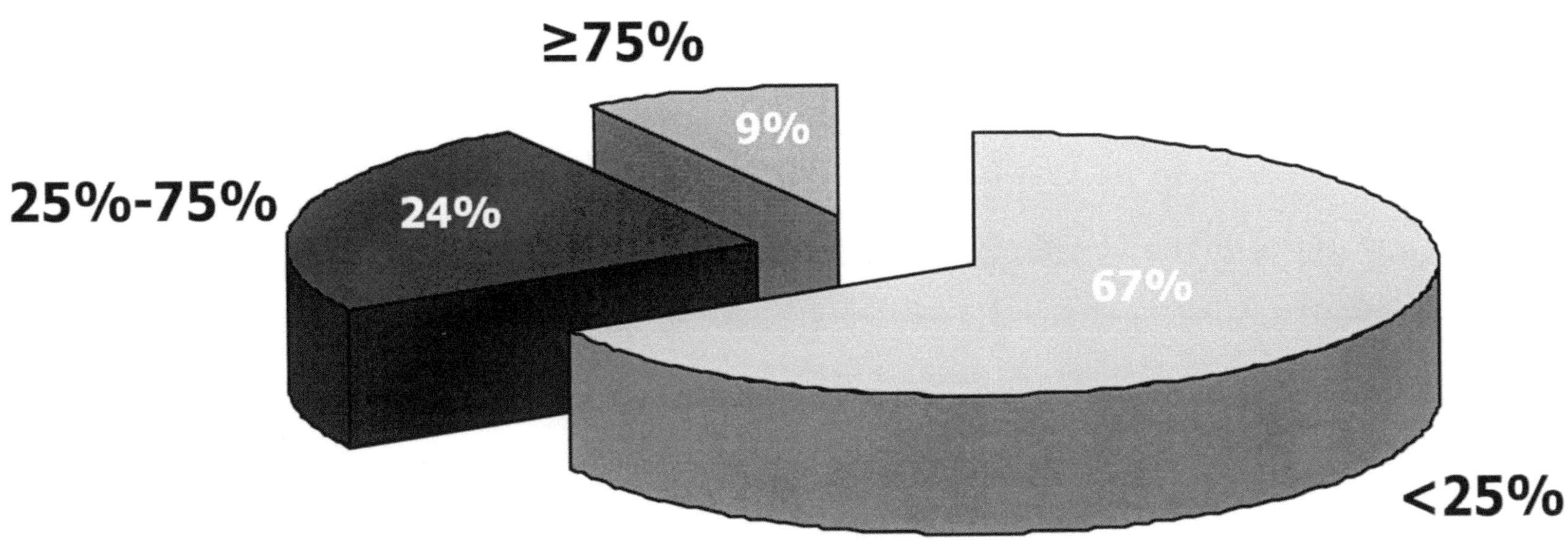

Quelle: Bundesverband Materialwirtschaft Einkauf und Logistik, 2003.

Die Hälfte der Unternehmen ist bereit zum Business Process Outsourcing im Einkauf, aber mit sehr hohen Erwartungen.

- Nur knapp die Hälfte der deutschen Unternehmen wäre bereit den Einkauf an einen externen Dienstleister abzugeben.
- Die dem BPO positiv eingestellte Hälfte ist aber um so optimistischer.

  Insgesamt sind 40% schon in der mittelfristigen Planung oder Umsetzung.

  40% der bereiten Unternehmen erwarten Einsparungen durch BPO, zwischen 2%-6%.
- Weitere Erwartungen sind eine Reduzierung von Prozesskosten, eine Lieferanten-reduzierung/Bündelung und eine höhere Informations- und Kostentransparenz. Wie beim E-Procurement wird eine hohe Verbesserung der Einkaufskonditionen nicht erwartet.

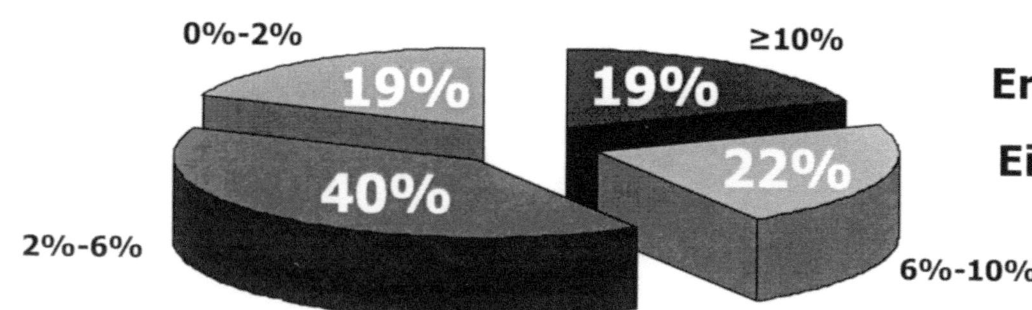

Erwartete prozentuale Einsparung durch BPO

Quelle: Bundesverband Materialwirtschaft Einkauf und Logistik, 2003.

E-Procurement schafft mit den Schritten Standardisierung -Transparenz-elektronische Bestellung - Bündelung einen „gesunden" outsourcingfähigen Einkauf.

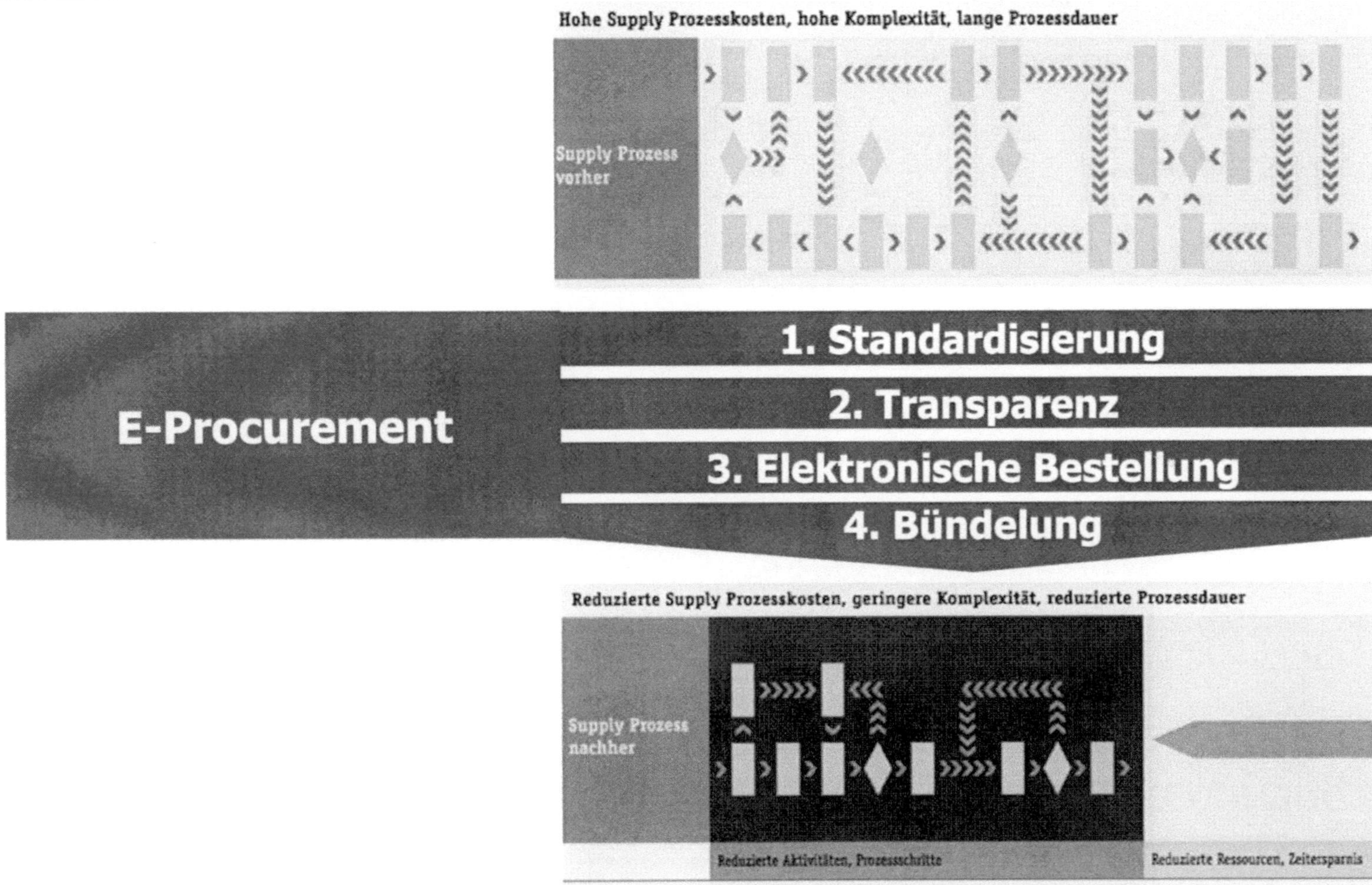

Quelle: Jahns, 2004, S. 226.

E-Procurement kann dabei helfen, die Grundlagen für ein Outsourcing zu schaffen. Es ermöglicht die vereinfachte Bündelung der Bestellungen und verringert damit die Komplexität.

E-Procurement

Charakteristika	Einzelbeschaffung "Einzelfall"	Projektbeschaffung "Projektfall"	Regelbeschaffung "Regelfall"	Routinebeschaffung "Routinefall"
Aufgabenkomplexität/Variabilität	**sehr hoch**	hoch	niedrig	sehr niedrig
Plan- und Strukturierbarkeit	sehr niedrig	niedrig	hoch	**sehr hoch**
Gleichartigkeit und Wiederholungsgrad	sehr gering, sehr selten	gering, selten	hoch, häufig	**sehr hoch, sehr häufig**
Determinierbarkeit "fester" Prozessfolgen	sehr niedrig	niedrig	hoch	**sehr hoch**
Idealisierte Prozessmuster				
Schwerpunkt	●	●●	●●●	●●●●

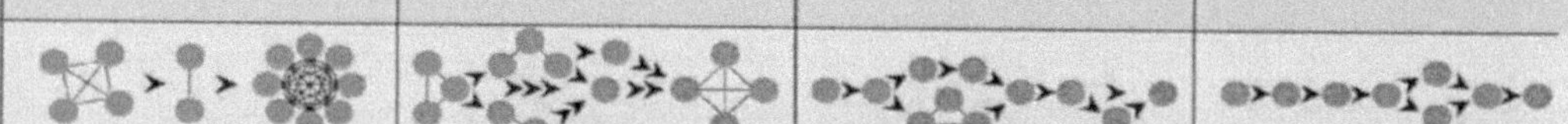

© Jahns

Fallende Komplexität

Quelle: in Anlehnung an Nippa, 1996.

Inhaltsübersicht

(1) Grundlagen des Outsourcing

(2) Outsourcing-Prozess

(3) Typische Fehler und Handlungsempfehlungen

(4) Beispiele

(5) E-Procurement und Business Process Outsourcing

(6) Literaturverzeichnis

Literaturverzeichnis (1).

- Accenture / International Bankers Forum e.V.: Mehr als Geld und Zinsen: Outsourcing im deutschen Bankensektor. Kronberg 2003.
- Accenture: Outsourcing im öffentlichen Sektor: Von IT zur strategischen Partnerschaft. Kronberg 2002.
- A.T. Kearney: Making Offshore Decisions. Chicago 2004.
- Bhende, Sunail et al.: Sourcing von IT-Services im Offshore Verfahren. Hamburg 2003.
- Bliesener, Max-Michael: Outsourcing als mögliche Strategie zur Kostensenkung. In: Betriebswirtschaftliche Forschung und Praxis 1994, 46, S. 277-290..
- Bruch, Heike: Intra- und interorganisationale Delegation. Management – Handlungsspielräume – Outsourcingpraxis. Wiesbaden 1996.
- Bundesverband Materialwirtschaft Einkauf und Logistik: Business Process Outsourcing im Einkauf unter Einsatz von E-Procurement und Marktplätzen. 2003.
- Carter, Phil et al.: Outsourcing – Sourcing Agencies. European Center for Research in Purchasing and Supply. 2004.
- Dillerup, Ralf und Stefan Foschiani: Outsourcing als strategische Option zur Optimierung der Leistungstiefe. In: Beschaffung aktuell 1996, Nr. 1, S. 39-41.
- Degenhardt, Ulrich: Strategische Partnerschaften – nur für Grossunternehmen? In: Erich Zahn (Hrsg.): Erfolg durch Kompetenz. Strategie der Zukunft. Stuttgart 1992, S. 115-136.

Literaturverzeichnis (2).

- Fleisch, Edgar: Das Netzwerkunternehmen. Berlin 2001.
- Friedrich, Stephan A.: Outsourcing – Weg zum führenden Wettbewerber oder gefährliches Spiel? Plädoyer für eine kompetenzorientierte Sichtweise. In Hans. H. Hinterhuber et al. (Hrsg.): Das Neue Strategische Management. Wiesbaden 1996, S. 279-297.
- Garaventa, Eugene and Thomas Tellefsen: Outsourcing: The Hidden Costs. Review of Business. 22 (1/2). 2001, pp. 28-31.
- Gerberich, Claus W.: Aufdecken von Kostensenkungspotenzialen im Beschaffungsbereich. SVME. 23. August 2002.
- Hamel, Gary and Combinatore K. Prahalad: The Core Competence of the Corporation. In: Harvard Business Review 1990, Vol. 68 No. 3, pp. 79-93.
- Hamel, Gary and Combinatore K. Prahalad: Competing for the Future. Harvard 1994.
- Hilsenrath, Jon. E.: Behind Outsourcing Debate: Surprisingly Few Hard Numbers. In: The Wall Street Journal. 12. April 2004, p. A1 & A7.
- Jahns, Christopher: Supply Management. Neue Perspektiven eines Managementansatzes für Einkauf und Supply. Habilitationsschrift. 2004.

Literaturverzeichnis (3).

- Jahns, Christopher: Chancen und Risiken des Offshoring - präskriptive und deskriptive Analyse eines neuen Managementkonzepts. Habilitationsvortrag vom 16. Juni 2004. TU München.
- Hiemstra, Glen and Jan J. van Tilburg: Inzicht in uitbesteding: ondernemingsstrategie en besturing. Assen 1993.
- Hodel, Marcus: Outsourcing-Management kompakt und verständlich. Wiesbaden 1999.
- Koppelmann, Udo: Grundsätzliche Überlegungen zum Outsourcing. In: Udo Koppelmann (Hrsg.): Outsourcing, Stuttgart 1996, S. 2-9.
- Kotabe, Masaaki: The Relationship between Offshore Sourcing and Innovativeness of U.S. Multinational Firms: An Empirical Investigation. In: Journal of International Business Studies 1990, Vol. 21 No. 4, pp. 623-638.
- La Londe, Bud: From Outsourcing to "Offshoring" – Part 1. In: Supply Chain Management Review 2004, No. 3, pp. 6-7.
- Lowson, Robert H.: Offshore Sourcing: An Optimal Operational Strategy? In: Business Horizons 2001, Vol. 44 No. 6, pp. 61-66.
- Matiaske, Wenzel und Thomas Mellewigt: Motive, Erfolge und Risiken des Outsourcings – Befunde und Defizite der empirischen Outsourcing-Forschung. In: Zeitschrift für Betriebswirtschaft 2002, 72, S. 641-659.

Literaturverzeichnis (4).

- Morstead, Stuart and Greg Blount: Offshore Ready. Strategies to Plan & Profit from Offhore IT-enabled Services. Dallas 2003.
- Möller, Klaus: Outsourcing im Rahmen der Beschaffung. In: Beschaffung aktuell 2000, Nr. 10, S. 46-49.
- Moser, Roger: Entwicklung und Realisierung von Outsourcing-Strategien. Universität St. Gallen 2002.
- Müller, Erich und Arno Prangenberg: Outsourcing-Management. Handlungsspielräume bei Ausgliederung und Fremdvergabe. Köln 1997.
- Nippa, Michael: Anforderungen an das Management prozessorientierter Unternehmen. In: Michael Nippa und Arnold Picot (Hrsg.): Prozessmanagement und Reengineering. 2. Aufl. Frankfurt am Main 1996, S. 33-45.
- Robinson, Marcia and Ravi Kalakota: Offshore Outsourcing: Business Models, ROI and Best Practice. Mivar 2004.
- Rüegg-Stürm, Johannes: Organisation und Organisationaler Wandel. Eine theoretische Erkundung aus konstruktivistischer Sicht. Wiesbaden 2001.
- Schimpf, Andreas: Strategisches Outsourcing im Kontext des Transformationsprozesses vom Massenproduzenten zur virtuellen Unternehmung. Bamberg 1996.
- Staehle, Wolfgang H.: Management: eine verhaltenswissenschaftliche Perspektive. 7. Aufl. München 1994.
- Sathyanarayan, M. M.: Offshore development. Cupertino 2003.
- Smith, Michael A. et al.: Offshore outsourcing of software development and maintenance: A framework for issues. In: Information & Management 1996, Vol. 31, pp. 165-175.

Literaturverzeichnis (5).

- The Outsourcing Institute Membership Survey of Current and Potential Outsourcing End-Users. 1998.
- Thomsen, Eike-Hendrik: Management von Kernkompetenzen. 2. Aufl. Berlin 2001.
- Thomsen, Eike-Hendrik: Lean Management. 2. Aufl. St. Gallen und Sternenfels 2006.
- Thomsen, Eike-Hendrik: Management von Kernkompetenzen. Methodik zur Identifikation und Entwicklung von Kernkompetenzen für die erfolgreiche strategische Ausrichtung von Unternehmen. Sternenfels 2001.
- Thomsen, Eike-Hendrik: Konzentration auf Kernkompetenzen – Chance und Herausforderung für den Mittelstand. In: Betriebswirtschaftliche Orientierungshilfen für mittelständische Unternehmen. Hrsg. Wolfgang Lück. Karlsruhe 2001, S. 93-104.
- Thomsen, Eike-Hendrik: Prozessmanagement. Best Practices beim Neudesign überlegener Unternehmensprozesse. In: Handbuch Management. Mit Best Practice zum Unternehmenserfolg. Hrsg. Christopher Jahns und Gerhard Heim. Stuttgart 2003, S. 191-211.
- Thomsen, Eike-Hendrik: Strategische Unternehmensführung. 2. Aufl. St. Gallen und Sternenfels 2006.
- Thomsen, Eike-Hendrik und Christopher Jahns: Einkaufen und Performance Management. In: Beschaffung Aktuell 2004. Nr. 3, S. 46-50.
- Thomsen, Eike-Hendrik: Stichwörter. In: Lexikon der Internen Revision. Hrsg. Wolfgang Lück. München und Wien 2001.
- Thomsen, Eike-Hendrik: Stichwörter. In: Lexikon der Betriebswirtschaft. Hrsg. Wolfgang Lück. 6. Aufl. München und Wien 2004.

Literaturverzeichnis (6).

- U.S. Country Commercial Reports: Information of the Ministries of Information Technology. NASSCOM Report. 2001.
- United Nations Secretary and Industry Labor Office. New York 2002.
- Welge, Martin K. et al.: Praxis des strategischen Managements. Wiesbaden 2002.
- Wildemann, Horst: Komplexitätsmanagement. München 2001.
- Winter, Robert: Informationsmanagement. Universität St. Gallen. St. Gallen 2003.
- Zahn, Erich et al.: Outsourcing unternehmensnaher Dienstleistungen – Entwicklungsstand und strategische Entscheidungstatbestände. In: Frank Wißkirchen (Hrsg.): Outsourcing-Projekte erfolgreich realisieren. Strategie, Konzept, Partnerauswahl. Stuttgart 1999, S. 3-37.

FSC www.fsc.org
MIX
Papier aus verantwortungsvollen Quellen
Paper from responsible sources
FSC® C105338

Printed by Libri Plureos GmbH
in Hamburg, Germany